Hanna Obracht-Prondzyńska

Cidades de média dimensão da margem sul do Báltico

Hanna Obracht-Prondzyńska

Cidades de média dimensão da margem sul do Báltico

melhorar, aprendendo uns com os outros

ScienciaScripts

Imprint
Any brand names and product names mentioned in this book are subject to trademark, brand or patent protection and are trademarks or registered trademarks of their respective holders. The use of brand names, product names, common names, trade names, product descriptions etc. even without a particular marking in this work is in no way to be construed to mean that such names may be regarded as unrestricted in respect of trademark and brand protection legislation and could thus be used by anyone.

Cover image: www.ingimage.com

This book is a translation from the original published under ISBN 978-3-659-77420-1.

Publisher:
Sciencia Scripts
is a trademark of
Dodo Books Indian Ocean Ltd. and OmniScriptum S.R.L publishing group

120 High Road, East Finchley, London, N2 9ED, United Kingdom
Str. Armeneasca 28/1, office 1, Chisinau MD-2012, Republic of Moldova, Europe
Printed at: see last page
ISBN: 978-620-8-15778-4

A publicação foi preparada durante o Mentor & Student Research Lab organizado pela Urban Laboratório de Revolução (LEM-ur) e Sociedade Internacional de Planeadores Urbanos e Regionais (ISOCARP).
http://isOcarp.Org/rnent0r-student-research-lab/msrl@isOcarp.Org

Editor
Hanna Obracht-Prondzyhska
Coordenador do projeto
Hanna Obracht-Prondzyhska
Supervisores de projectos
Slawomir Ledwon
Tomasz Rozwadowski
ISBN: 978-3-659-77420-1
Gráficos:
Hanna Obracht-Prondzyhska

Laboratório de Investigação Mentor&Estudante - TRANSFORMAÇÕES URBANAS - INTRODUÇÃO
Hanna Obracht Prondzynska *coordenadora do projeto*

Todas as épocas, disciplinas especializadas e ambientes sociais utilizam categorias-chave para definir questões específicas que são da maior importância no debate público em curso. Para além de qualquer dúvida, o espaço é uma dessas categorias. Não são só os urbanistas que se interessam pelo espaço - este também atrai a atenção de psicólogos, sociólogos, antropólogos, economistas, especialistas em gestão pública, geógrafos, estetas, etc. No entanto, o espaço público é especialmente importante para os urbanistas, uma vez que desempenha um papel fundamental no planeamento urbano. Estabelece um quadro no qual o ser humano funciona, se desenvolve, interage com os outros, constrói relações sociais, etc. No discurso público polaco (mas não só), a segunda questão central, ou uma palavra-chave, é a transformação. De facto, há uma boa razão para que o tema da transformação surja agora mesmo em Gdansk. Após 25 anos desde que os governos locais começaram a funcionar na Polónia, o espaço em que vivemos mudou significativamente, passando por uma grande transformação. As cidades também mudaram de forma irreconhecível. Quando os governos locais começaram a ser formados em 1990, os objectivos do processo estavam a ser amplamente discutidos no contexto do desenvolvimento urbano e as decisões sobre o aspeto do espaço circundante estavam a ser tomadas.

O aniversário da reintrodução do governo autónomo na Polónia dá-nos a oportunidade de analisar mais de perto até que ponto os nossos planos anteriores foram cumpridos: o que aconteceu ao espaço, especialmente ao espaço urbano, e se está à altura das nossas concepções, sonhos e expectativas anteriores. É de notar que o espaço polaco, incluindo a Pomerânia e a Tricity, tem duas faces. Em completa transformação, tornando-se assim amigo do homem - são lugares onde gostamos de passar o nosso tempo, lugares que não nos ofendem esteticamente e lugares que fomentam as relações sociais. Por outro lado, existem ainda numerosos locais onde o tempo parou ou que sofreram mesmo uma degradação funcional, estética e técnica. Estes lugares sinistros, apesar do seu enorme potencial, são simplesmente evitados e negligenciados.

Consequentemente, as questões sobre o que deve ser feito a seguir com as nossas cidades, incluindo Tricity, são cada vez mais comuns. Como podemos tornar o espaço em que vivemos mais amigável para os habitantes, com paisagens deslumbrantes e cidades vibrantes que correspondam às expectativas dos seus residentes locais, contem uma história interessante aos recém-chegados e atraiam todos com uma rica oferta de serviços?

Por conseguinte, há uma necessidade urgente de um debate interdisciplinar sobre talvez a questão mais significativa que influencia a qualidade da nossa vida, nomeadamente o espaço. O aniversário da auto-governação constitui uma óptima oportunidade para pensar na forma como Tricity mudou nos últimos 25 anos e também para colocar a questão de como será nos próximos 25 anos. Todos temos de perceber que, durante o período pós-guerra, Gdansk sofreu uma transformação única: desde a destruição maciça do pós-guerra e a consequente reconstrução do centro histórico da cidade, bem como o período de construção em massa, a chamada construção de painéis, até ao desenvolvimento urbano dos anos 90 e 2000 e aos recentes e espectaculares investimentos públicos e privados, graças aos quais a cidade pode aspirar ao papel de metrópole.

Estas profundas transformações têm sido acompanhadas por uma discussão sobre a necessidade de uma mudança na forma como pensamos a cidade e como tratamos os seus habitantes, enquanto principais beneficiários do espaço urbano. O planeamento urbano moderno remete para as ideias propagadas por Jan Gehl ou Jane Jacobs, que nos recordam que, no processo de planeamento da cidade, o principal foco deve ser colocado nos residentes locais. As cidades só podem florescer através da comunicação humana[1]. Talvez assim, pela primeira vez na história, estejamos a assistir ao aparecimento de uma sociedade poderosa na

---

[1] Kochanowscy, Danuta & Mieczyslaw. *fflstrong miasta (Into the City)*. Warszawa: Wyzsza Szkola Ekologii i Zarz^dzania, 2012. 34.

Polónia que se interessou pelo que está a acontecer nos seus arredores e que quer ter um impacto viável sobre isso. Talvez este grupo de pessoas venha a estar na vanguarda do desenvolvimento urbano na Polónia. Segundo David Harvey, é precisamente este grupo de pessoas que deve decidir sobre a cidade:

> *O direito à cidade é, portanto, muito mais do que um direito de acesso individual ou coletivo aos recursos que a cidade incorpora: é um direito de mudar e reinventar a cidade de acordo com os nossos desejos. É, além disso, um direito coletivo e não individual, uma vez que a reinvenção da cidade depende inevitavelmente do exercício de um poder coletivo sobre os processos de urbanização. A liberdade de nos fazermos e refazermos a nós próprios e às nossas cidades é, quero argumentar, um dos mais preciosos mas mais negligenciados dos nossos direitos humanos[2] .*

A cidade, tal como a sua definição, está em constante transformação e o papel que desempenha também sofre alterações. Atualmente, a maioria da população mundial vive em cidades e este número continua a aumentar. Por um lado, podemos dizer que um desenvolvimento urbano intenso pode ser observado em qualquer lugar do mundo. Por outro lado, algumas cidades passam por um processo inverso - degradação, despovoamento, declínio (o que foi explicitamente demonstrado no exemplo de algumas cidades dos EUA durante a crise de 2008). O desenvolvimento e o planeamento do território não acompanham o ritmo dos processos que ocorrem no espaço urbano. A cidade, muitas vezes desprovida de um urbanista, está sujeita a uma transformação constante por centenas e milhares de indivíduos, o que leva à reavaliação da imagem da cidade como um todo, bem como das suas ruas e casas particulares. Esta abordagem dificulta a compreensão dos fenómenos que se desenrolam no espaço urbano.

Tanto agora como no passado, houve tendências que visavam eliminar certos fenómenos negativos da vida da cidade. Houve também algumas tentativas de fundamentar a visão final do projeto numa única componente-chave. Por conseguinte, existem projectos que são orientados por um pensamento, uma ideia ou uma regra pré-estabelecidos. Todas estas tentativas partem do conceito de "cidade planeada"[3] . No entanto, independentemente da ideia que escolhermos, todas as cidades têm de enfrentar novos desafios. Consequentemente, permanece a questão de saber se somos capazes de definir problemas universais para todas as cidades e, pelo contrário, se somos capazes de encontrar uma solução para um problema local num mundo global. Os planeadores urbanos são guiados pelas ideias e necessidades locais ou, pelo contrário, pelas frases de ordem globais amplamente promovidas e na moda? Encontramos respostas locais para questões globais? E, finalmente, podemos aplicar localmente as respostas globais? Estes são os problemas básicos do planeamento urbano moderno. As cidades exigem de nós um enorme esforço intelectual, oferecendo ao mesmo tempo uma grande aventura. Como Italo Calvino costumava escrever: *As cidades também*

---

[2] Harvey, David. *Rebel Cities: From the Right to the City to the Urban Revolution [Do direito à cidade à revolução urbana].* London: Verso, 2012.
[3] Dukaj, Jacek. *Miasto pfynie,* [in:] *Chwata Miasta (A cidade continua a navegar,* [in:] *A glória da cidade).* Warszawa: Fundacja B$c Zamiana, 2012.

acreditam que são obra da mente ou do acaso, mas nem uma coisa nem outra bastam para sustentar as suas paredes. Não nos deliciamos com as sete maravilhas de uma cidade, mas com a resposta que ela dá a uma pergunta vossa[4] .

Graças ao envolvimento dos estudantes e mentores de todo o mundo que participaram no Laboratório de Investigação Mentor&Estudante, foi possível discutir os dilemas do planeamento urbano que se colocam não só à Polónia, mas praticamente a todos os continentes. O projeto foi uma iniciativa conjunta do Clube de Investigação de Estudantes da Universidade de Tecnologia de Gdansk, do Laboratório de Evoluções Urbanas[5] e da Sociedade Internacional de Planeadores Urbanos e Regionais, ISOCARP[6] . O projeto foi, de facto, um evento paralelo, realizado no âmbito do 50º congresso da ISOCARP.

Os efeitos deste trabalho conjunto, apresentados neste livro, puderam ser alcançados graças ao envolvimento dos seguintes mentores:

Christian Horn, professor em Paris e diretor do Rethink, o gabinete do ambiente construído, que trabalha como urbanista de uma área metropolitana local,

Markus Appenzeller, professor em Roterdão e recentemente na China, é o diretor do MLA+, um gabinete que se ocupa de projectos de transformação urbana em todo o mundo,

Richard Stephens, professor na Universidade de Oregon e diretor da Stephens Planning & Design LLC, foi eleito presidente da ISOCARP em 2014,

Oscar Bargos, professor da Universidade Del Rosario e diretor da agência local de desenvolvimento urbano,

Alexander Marful, do Gana, que, depois de obter o seu doutoramento na Universidade de Estugarda, começou a trabalhar na Fichtner GmbH.

O objetivo do projeto era criar uma fórmula inovadora de colaboração entre os estudantes e os profissionais do planeamento urbano de todo o mundo. Durante 3 meses, cinco grupos de estudantes de universidades polacas, supervisionados pelos urbanistas da ISOCARP[7] , continuaram a trabalhar nos projectos de investigação dedicados aos desafios enfrentados pelas cidades contemporâneas, centrando a sua atenção na Tricity e referindo-se a problemas e boas práticas de países estrangeiros. Juntos, estabeleceram um terreno comum onde a juventude e a ambição se encontraram com a experiência, o profissionalismo e a metodologia para discutir os problemas da cidade e da sua região. O tema de investigação do projeto foi: transformações urbanas. A ideia era que as cidades - tanto históricas como contemporâneas - estavam constantemente a evoluir e, por conseguinte, a mudar a sua aparência. Todas estas cidades partilham algumas caraterísticas comuns, mas, por outro lado, cada uma delas é diferente. A atitude em relação a estas cidades também é diferente. Como escreveu Calvino:

Para aqueles que passam por ela sem entrar, a cidade é uma coisa; é outra para aqueles que

---

[4] Calvino, Italo. *Invisible Cities [Cidades Invisíveis].* Nova Iorque: Harcourt Brace, 1978. 44.

[5] http://lem-ur.urbancloud.pl, [dezembro de 2014]

[6] http://isocarp.org, dezembro de 2014]

[7] http://isocarp.org/activities/50th-intemational-planning-congress/ [dezembro de 2014]. Neste ponto, gostaria de agradecer a toda a equipa organizacional que trabalhou durante quase um ano na implementação do projeto. A equipa era constituída por: Hanna Obracht- Prondzynska, Marta Rusin, Iza Silkowska, Anna Wilde, Agnieszka Zasada, Igor Szostakowski, Lukasz Skiba, Paulina Wiliszewska, Piotr Zelaznowski, Agata Hinca. O apoio substantivo foi prestado por Slawomir Ledwon, doutorado, e Tomasz Rozwadowski, doutorado.

são apanhados por ela e nunca saem. Há a cidade onde se chega pela primeira vez; e há outra cidade que se deixa para nunca mais voltar. Cada uma merece um nome diferente (...)[8]
.

Durante o Laboratório de Investigação para Mentores e Estudantes, foram organizados workshops e palestras abertas, realizadas pelos mentores. Houve também um debate público que teve lugar no Instituto de Cultura da Cidade em Gdansk, intitulado Entre questões globais e respostas locais: como tornar a cidade num bom sítio para viver? Os participantes tiveram a oportunidade de discutir com os mentores as seguintes questões:

- como lidar com as cidades que sofrem uma forte suburbanização, o que constitui um problema não só na Polónia;
- como reavivar as cidades europeias que estão a tornar-se museus;
- quais são as consequências do desenvolvimento dinâmico das cidades asiáticas;
- quais são os desafios que as cidades africanas enfrentam atualmente.

Os resultados foram discutidos durante a conferência de síntese, que teve lugar a 20 de setembro de 2014, na Universidade de Tecnologia de Gdansk, antes do congresso ISOCARP. O tema escolhido e discutido pelo grupo de Oscar Bragos, da Argentina, foi o desenvolvimento sustentável nos centros metropolitanos. O seu objetivo era responder à questão da direção em que Tricity e as suas áreas circundantes se desenvolvem e se é um exemplo de desenvolvimento sustentável, nomeadamente se podemos gerir os nossos recursos naturais, económicos e outros de uma forma razoável. Será que os complexos habitacionais, especialmente os novos, estão a desenvolver-se na direção certa? Para responder a estas questões, o grupo decidiu estudar um complexo habitacional específico em Gdansk - Osowa - que é um exemplo de um centro suburbano em rápido crescimento. O objetivo do estudo era encontrar formas de alcançar um desenvolvimento sustentável. Os resultados foram comparados com um estudo paralelo da Argentina, realizado pelos alunos de Oscar da Universidade Del Rosario.

Outro grupo, supervisionado por Markus Appenzeller, decidiu comparar as cidades do Báltico antes e depois das mudanças ocorridas em 1989. A análise das transformações que afectaram as cidades depois de 1989 destinava-se a indicar possíveis direcções para a intervenção que deveria ser feita pelas autoridades para garantir que as cidades se desenvolvessem da melhor forma possível. O estudo consistiu na recolha e análise de dados de domínios como o espaço, a marca e a identidade da cidade, os transportes, a economia, a sociedade, o sistema administrativo, o sistema legislativo, bem como na identificação de problemas cruciais e no trabalho pormenorizado sobre os aspectos selecionados.

O grupo liderado por Alexander Marful, do Gana, escolheu o tema das infra-estruturas inteligentes em cidades situadas junto à água. O seu objetivo era encontrar, hierarquizar e avaliar as infra-estruturas existentes e amplamente definidas em cidades como Gdynia, bem como sugerir algumas melhorias, de modo a poder falar de soluções inteligentes que apoiem o funcionamento da cidade. O grupo pretendia preparar um conjunto de soluções e melhorias prontas para a cidade, que poderiam dar origem à supremacia de Gdynia em questões

---

[8] Calvino, Italo. *Invisible Cities [Cidades Invisíveis]*. Nova Iorque: Harcourt Brace, 1978. 43.

relacionadas com soluções para cidades inteligentes.

O grupo Tri-bike-city, que trabalha sob a supervisão de Christian Hom, de França, analisou a mobilidade amplamente definida no contexto de Tricity. Provaram que as condições de transporte e de comunicação podem ser substancialmente melhoradas através da criação de uma estratégia em que as deslocações pendulares em bicicleta e em vários meios de transporte público não sejam sinónimo de uma situação financeira difícil, mas se tornem uma forma conveniente de se deslocar na cidade. As últimas tendências em matéria de desenvolvimento urbano mostram que houve uma mudança do planeamento dos transportes para o planeamento da mobilidade. A ideia não é criar um sistema de transportes sem uma compreensão mais profunda das razões e da forma como as pessoas se deslocam. Por conseguinte, ao construir a infraestrutura de transportes numa cidade, os utilizadores de automóveis já não constituem o único ponto de referência. É importante ter em consideração todos os habitantes que querem ter a possibilidade de utilizar outros meios de transporte. O trabalho do grupo mostra como conceber a cidade das distâncias curtas e como criar um espaço, combinando novas tecnologias, conhecimentos profissionais e infra-estruturas existentes, em que o automóvel já não é o único meio de transporte confortável, mas uma de muitas outras alternativas disponíveis - todas baratas, ecológicas e convenientes.

A equipa liderada por Richard Stephens, dos EUA, escolheu o tema do planeamento e conceção do espaço público, dando especial ênfase à forma de implementar e concluir os projectos. Criaram um manual de design específico, que é uma ferramenta interessante para ser utilizada pelas cidades. Conseguiram pôr o seu trabalho à prova, uma vez que, em cooperação com os estudantes da Universidade de Oregon, participaram num projeto de conceção do espaço público em Mt. Angel, durante o qual tiveram a possibilidade de consultar as autoridades locais.

Em suma, é de salientar que o projeto M&SRL, que foi acompanhado de perto a partir de diferentes locais do mundo, foi um grande sucesso, recebendo inúmeras opiniões positivas tanto dos participantes como dos observadores. É com grande satisfação que partilhamos os efeitos do nosso trabalho, sabendo que os nossos métodos já foram aplicados em vários locais e centros académicos do mundo.

ÍNDICE DE CONTEÚDOS:

CAPÍTULO 1

CIDADES DE MÉDIA DIMENSÃO DA MARGEM SUL DO BÁLTICO - MELHORAR APRENDENDO UMAS COM AS OUTRAS

MENTOR:
MARKUS APPENZELLER
ASSISTENTE DO MENTOR
PIOTR ZELAZNOWSKI
AUTORES:
NINA BLOCH MONIKA DABROWSKA
ANNA RUBCZAK SYLWIA ROZANSKA
BOLESLAW SLOCINSKI PIOTR
ZELAZNOWSKI

Introdução

Globalmente, as cidades estão a competir umas com as outras - pelo investimento, pelo talento e pelos visitantes. Naturalmente, os lugares maiores e os lugares que gozam de um reconhecimento de longa data estão mais sob os holofotes do que os lugares mais pequenos e desconhecidos.

As cidades de média dimensão da margem sul do Mar Báltico inserem-se nesta última categoria. Com 200.000 a 500.000 habitantes, são relativamente pequenas à escala global e a história recente faz com que sejam ainda relativamente desconhecidas. 25 anos após a queda da cortina de ferro, estas cidades percorreram um longo caminho no desenvolvimento de uma nova identidade na Europa, sem as grandes fronteiras ideológicas. Passado um quarto de século, vale a pena compreender estas cidades e avaliar o que têm feito até à data.

Ao contrário de outras regiões do mundo, onde as cidades vizinhas competem ferozmente entre si, o contexto histórico e a divisão superada na Europa poderiam prestar-se a um modelo diferente da competição individual. Poderiam adotar um modelo de cooperação e colaboração inspirado no espírito escandinavo e hanseático ainda muito presente na região. Aprendendo uns com os outros e melhorando coletivamente, poderiam tornar-se uma região urbana capaz de competir com sucesso.

O objetivo da investigação realizada é compreender as cidades de Kiel, Lubeck, Rostock, Szczecin, Gdynia, Gdansk, Kaliningrad e Tallinn e compará-las nos domínios mais relevantes.

Quais são os seus pontos fortes, quais são os seus pontos fracos? Que eventos, acções e programas dignos de nota têm vindo a realizar e quais são os seus resultados? O objetivo da nossa investigação é, de certa forma, definir uma cidade que combine os melhores resultados, medidas e objectivos de todas estas cidades numa só. Esta cidade teórica "óptima" da costa do Báltico pode servir de referência para todas as cidades investigadas. Adoptando este objetivo, as cidades de média dimensão da costa sul do Mar Báltico não só teriam um coletivo a que aderir, como colocariam coletivamente no mapa toda uma região urbanizada de alta qualidade. Talvez se pudesse chamar "Baltia".

Método

Numa primeira fase, a investigação realizada identificou os campos-chave que caracterizam coletivamente uma cidade em geral e as cidades investigadas em particular. Ao escolher estes domínios, era importante abranger a vasta gama de camadas que constituem a cidade como um todo. Isto significava não se concentrar apenas no espaço ou na economia, mas também considerar outros factores que, direta ou indiretamente, são importantes para o êxito de uma cidade. Num processo de avaliação de um vasto leque de parâmetros, foram selecionados seis domínios que são de importância fundamental para descrever o desenvolvimento e a posição de uma cidade hoje em dia:

1. administração e colaboração - a forma como a cidade está organizada e como funciona;
2. economia - o modelo económico da cidade, os seus sectores-chave de atividade económica, os seus pontos fortes e fracos económicos e o seu modelo operacional económico;
3. tecido social - a estrutura da sociedade e os seus problemas, a evolução demográfica e a composição étnica;
4. espaço urbano - a composição espacial geral da cidade, o grau de expansão e a existência de espaços memoráveis;
5. transportes e mobilidade - desenvolvimento do sistema de transportes, repartição modal, investimentos fundamentais em infra-estruturas de transportes;
6. branding - a forma como a cidade se apresenta ao exterior, quais são os seus pontos de venda únicos e até que ponto os valores e a identidade local são bem representados na comunicação da marca.

1. Ilustrações do tópico s
Fonte: Trabalho dos autores

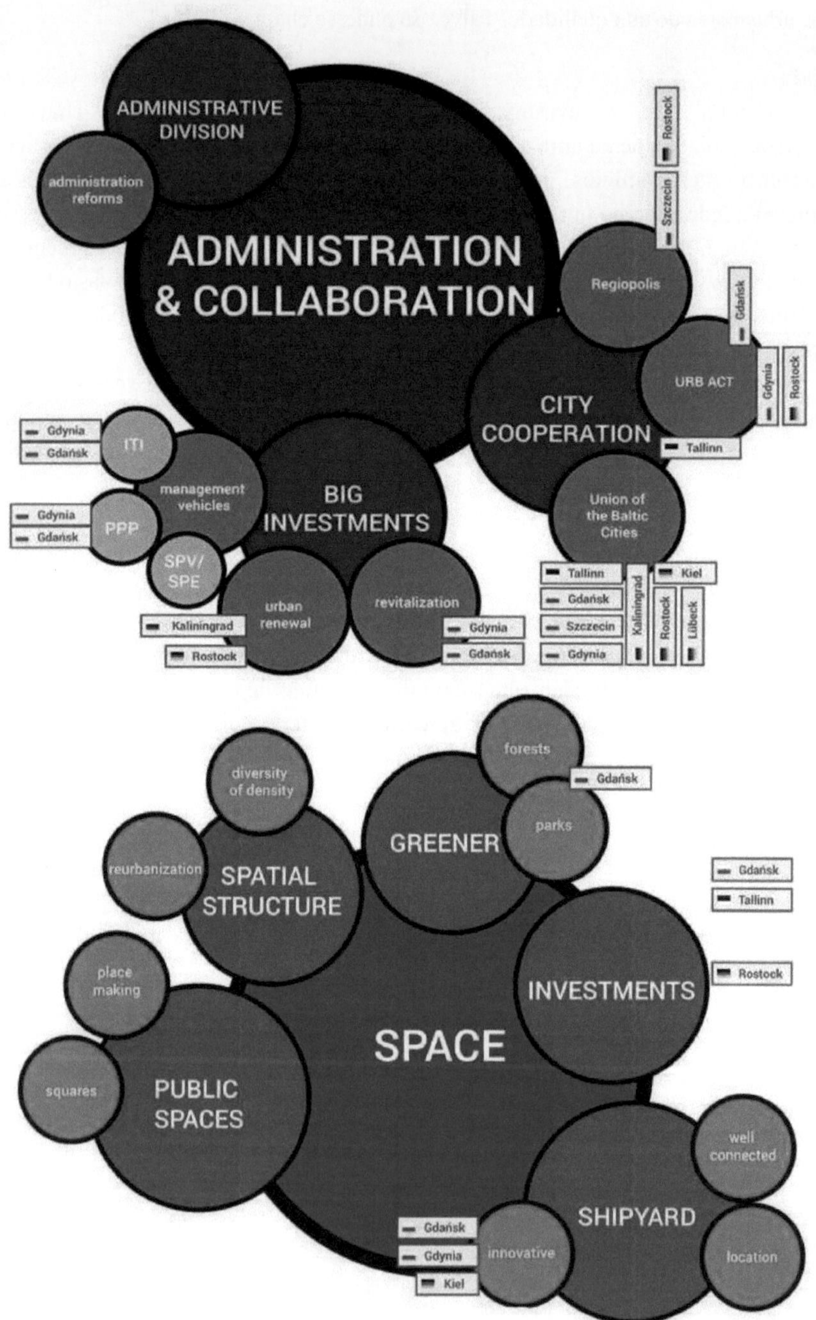

ADMINISTRATIVE DIVISION
administration reforms
ADMINISTRATION & COLLABORATION
Regiopolis
Rostock
Szczecin
Gdańsk
Gdynia
Rostock
URB ACT
CITY COOPERATION
Tallinn
Union of the Baltic Cities
Gdynia
Gdańsk
ITI
management vehicles
PPP
SPV/SPE
BIG INVESTMENTS
Kaliningrad
Rostock
urban renewal
revitalization
Gdynia
Gdańsk
Tallinn
Gdańsk
Szczecin
Gdynia
Kaliningrad
Rostock
Lübeck
Kiel
diversity of density
reurbanization
SPATIAL STRUCTURE
GREENER
forests
Gdańsk
parks
place making
squares
PUBLIC SPACES
SPACE
INVESTMENTS
Gdańsk
Tallinn
Rostock
well connected
SHIPYARD
location
Gdańsk
Gdynia
Kiel
innovative

Para cada um dos seis domínios, foi definida uma série de subparâmetros, em resultado de uma investigação aprofundada. Os parâmetros identificados são os seguintes:

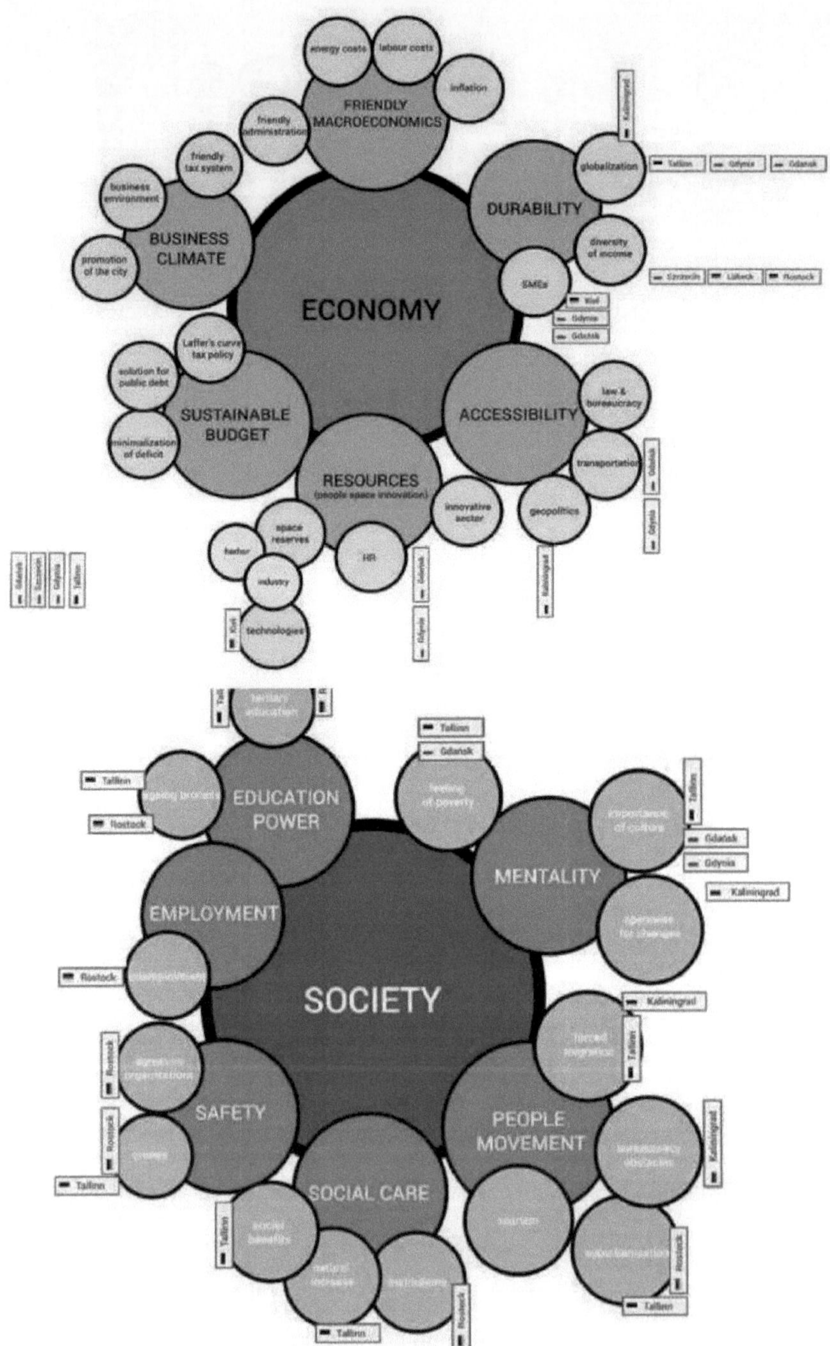

energy costs
labour costs
inflation
friendly administration
FRIENDLY MACROECONOMICS
friendly tax system
business environment
BUSINESS CLIMATE
promotion of the city
globalization
DURABILITY
diversity of income
SMEs
Kaliningrad
Tallinn
Gdynia
Gdańsk
Szczecin
Lübeck
Rostock
Kiel
Gdynia
Gdańsk
Laffer's curve tax policy
solution for public debt
SUSTAINABLE BUDGET
minimalization of deficit
ACCESSIBILITY
law & bureaucracy
transportation
geopolitics
innovative sector
RESOURCES
(people space innovation)
space reserves
harbor
industry
HR
technologies
Kiel
Gdańsk
Gdynia
Kaliningrad
Gdynia
Gdańsk
Tallinn
Gdynia
Gdańsk
tertiary education
EDUCATION POWER
ageing brackets
Tallinn
Rostock
EMPLOYMENT
unemployment
Rostock
digitalisation organisations
Rostock
Rostock
SAFETY
crimes
Tallinn
SOCIAL CARE
social benefits
natural increase
trafficking
Tallinn
Rostock
SOCIETY
Tallinn
Gdańsk
feeling of poverty
MENTALITY
importance of culture
Tallinn
Gdańsk
Gdynia
Kaliningrad
openness for changes
PEOPLE MOVEMENT
forced migration
Kaliningrad
Tallinn
immigration obstacles
Kaliningrad
Rostock
tourism
suburbanisation
Tallinn

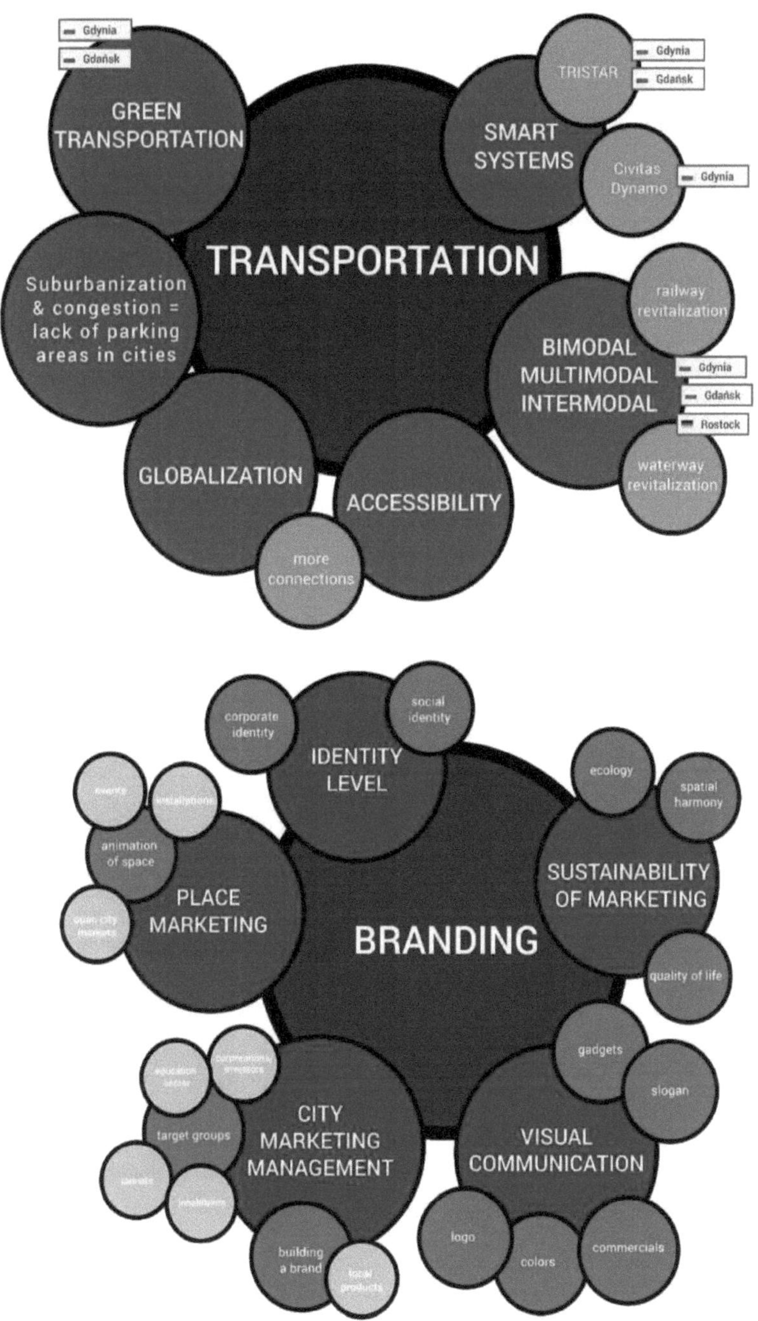

Gdynia
Gdańsk
GREEN TRANSPORTATION
Suburbanization & congestion = lack of parking areas in cities
GLOBALIZATION
more connections
ACCESSIBILITY
TRANSPORTATION
SMART SYSTEMS
TRISTAR
Gdynia
Gdańsk
Civitas Dynamo
Gdynia
railway revitalization
BIMODAL MULTIMODAL INTERMODAL
Gdynia
Gdańsk
Rostock
waterway revitalization

corporate identity
social identity
IDENTITY LEVEL
events
installations
animation of space
smart city markets
PLACE MARKETING
BRANDING
ecology
spatial harmony
SUSTAINABILITY OF MARKETING
quality of life
gadgets
slogan
VISUAL COMMUNICATION
education sector
entrepreneurs/ investors
target groups
tourists
mobility
CITY MARKETING MANAGEMENT
building a brand
local products
logo
colors
commercials

Administração e colaboração

Criteria	Why chosen	High score
		What is considered best score
Local government independence	Gives the picture of the local government independence and responsibilities range; includes regional independence and decentralization level.	The higher degree of independence, the higher the score
Administrative division, structure and reforms	Pictures the tendency to improve the management basing on current trends, territorial simplification - all considered in the context of state	Well prepared administration reforms, ongoing simplification
General collaboration	States the number of international initiatives and projects, twinning agreements, mutual cooperation etc. It shows the aspiration to learn from each other, share good practices, extend the development perspective beyond the country borders, hence raising the city's significance.	Project leadership, number of projects city participated in
Collaboration effectiveness and continuity	Pictures the continuity of cooperation, significance of undertaken projects, infrastructure development etc.	Regional importance level projects, continuous cooperation.
Public participation	Shows the level of civic engagement, government openness, sustainability of the city development, building the community etc.	Many fields of participation, eParticipation support, eGovernance tools variety, well informed and involved society, collaborative local government, early participation
Spatial development tools	Grades the city's attitude to development, either it chooses the best way, basing on the knowledge and experience exchange or does it on its own or only with private entrepreneurs.	Urban and architectural competitions, strong research based master-planning, private entrepreneurs involved but under the city's authorities' control
Average		
Average, highest score set to 10		
*capital city		

Low score	Scores (1 = lowest, 10= highest)							
What is considered lowest score	Kiel	Lübeck	Rostock	Szczecin	Gdynia	Gdańsk	Kaliningrad	Tallinn*
Low score is given for central governed cities (regions) with low self-responsibilities level	8	8	8	6	6	6	6	7
Ill-chosen and performed reforms, resulting in complex management	9	9	9	7	7	7	2	6
Low score for low collaboration level	7	7	8	6	8	8	5	6
Local importance, temporary projects	5	5	8	5	8	8	3	7
Confidential documentation, lack of dialogue between local authorities and the society, low civic participation interest, lack of tools etc.	8	8	8	4	6	5	3	7
Confidential way of PPP development, master-planning for the developers' needs, destructive impact on the city's urban fabric and society.	8	8	8	5	6	2	5	7
	7,50	7,50	8,17	5,50	6,83	6,00	4,00	6,67
	9,18	9,18	10,00	6,73	8,37	7,35	4,90	8,16

ECONOMY		
Criteria	**Why chosen**	**High score**
		What is considered best score
Friendly macroeconomics	Macroeconomics has a key impact on economy of the city. There is a big amount of problems, which cannot be solve, because of state's self-government structure, fiscal and financial polices, condition of law and bureaucracy.	Friendly and fair tax system, friendly administration, low level of inflation, low energy costs, high efficiency of court system
Durability for crisis	If we look at the charts presenting growth of the cities for 1989-2014 we can notice two types of growth – dynamic and durable. They can coexist. That is really interesting, why some cities are going better threw the crises.	Good fiscal and financial policy, good economy structure (in GDP and employment), investments in innovative sector, balanced meaning of globalization in local economy, technologies
Accessibility	Accessibility is a key factor, maritime cities. It decides about strength and reach of local economies. It regards not only transport accessibility, but also law and bureaucratic accessibility of markets	Access to highways, railways, airports, seaways, ports with modern deepwater terminals and navigable inland waterways. Good geopolitical situation. Low level of bureaucracy.
<u>Smart resource management</u> Business climate	Smart self-government's policy regarding human resources, space reserves, their cultural heritage and local enterprises can tell us, how municipalities care of their economy	Investments in human resources, inhibiting of emigration, investments in innovative sector, smart spatial management, friendly approach to SMEs, industry and martial port.
	Nowadays soft location factors are more important than the hard. Successful city should take care of that.	friendly tax system, existing business environment, city branding and citizens mentality with their innovativeness and resourcefulness.
Sustainable budget	A large public debt can close the door on key investments. Self-government's policy in this area has a huge impact on the cities' economical growth.	Good rating, good budget management, good debt management
Average		
Average, highest score set to 10		

* na investigação económica, o PIB só estava disponível para a Tricity (Gdansk, Gdynia, Sopot)

Low score	Scores (1 = lowest, 10= highest)						
What is considered lowest score	*Kiel*	*Lübeck*	*Rostock*	*Szczecin*	*Tricity**	*Kaliningrad*	*Tallinn*
Unfriendly and unfair tax system, high level of bureaucracy, high inflation, high energy costs, slow and inefficient court system	9	9	9	6	6	5	10
Lack of good fiscal and financial policy, unbalanced economy structure, too much globalized local ecnomy, lack of investments in innovative sector	10	10	10	10	10	6	4
Lack of key meaning of transport, complicated geopolitical situation (embargo), high level of bureaucracy	10	7	7	6	7	5	7
Underinvested human resources, innovative sector, martial port, industry. Lack of good heritage, spatial and investment policy. Wasted last 25 years.	10	9	4	1	10	1	10
Unfriendly and unfair tax system, underinvested business environment, not really great city branding, bad image of inhabitants	10	6	4	3	7	2	10
Lack of ideas for debt management, permanent deficit, permanent pressure on the taxpayers	7	9	6	4	7	6	10
	9,33	8,33	6,67	5,00	7,83	4,17	8,50
	10	8,93	7,14	5,36	8,39	4,46	9,11

Criteria	Why chosen	High score *What is considered best score*
Involvement of local population	It demonstrates what kind of movements among people over the years have taken place. This illustrates what the main reason of the changes in the amount of population were. Apart from migration indicators as 'the number of emigrants/immigrants', the criteria shows the system each city has to attract foreigners and tourists. The criteria helps to control not only the changes in the number of population but take into consideration 'outside' phenomena as suburbanization or forced migration conditioned by politics' changes.	immigrants majority, friendly image of city, tourism-focused city program, great connectivity between regions
Education strength	It shows whether the city is able to struggle with past obstacles, how rapid and effective reforms taken place. It gives the overall view how developed the city is. It demonstrates the hopes and the possibilities of putting the city on the very top among intensively developing cities. The criteria is connected with age structure and youth focus.	high number of educational institutions, high position in the world's rankings, increasing amount of innovative faculties and experimental researches, varied employment sectors, high number of graduates, high percentage of graduates working as professionals, city's strategy favourable for developing educational system
Safety	It demonstrates the atmosphere created among people living and visiting the particular area. 'Safety' shows what kind of relation is between society and local authorities, as well as describes the system how city responses to both aggressive and passive attitudes towards municipality. The criteria is strictly connected with authorities' wisdom system of judging, rewarding and discipline the society. Indicators as number of crimes (homicides, thefts, rapes etc.), amount of police patrols, police's strategy, innovative technologies used by city to make the city safer create the balanced and	constant lowering number of all crimes committed, well-matched and going police' strategy, broad range of events and projects organised by polices, municipalities presenting the safety's importance, friendly police-habitants' relation, city's programs, focused on creating the safe city, introduced in different organizations (schools, offices, companies, hospitals etc.), directed to diverse recipients

| | comfortable living, working and relaxation conditions. | | | | | | | |

Low score   **Scores (1 = lowest, 10= highest)**

What is considered lowest score	*Kiel*	*Lübeck*	*Rostock*	*Szczecin*	*Gdynia*	*Gdańsk*	*Kaliningrad*	*Tallinn*
emigrants majority, absence of need to travel, foreigners' intolerance, lack of cultural, spatial and economical attractions, bureaucracy obstacles as passport regime, lack of means of transport, hostile atmosphere inside the city what deters people exchange	8	7	3	5	5	6	1	4
decreasing number of schools and universities, unfavourable forecast for sustainable educational system, low number of graduates, lack of city' involvement, lack of education connected investments	8	7	4	3	8	8	No data	9
Social Care		plays great role in creation humane living conditions. It demonstrates the demographic structures in the city and the ageing trends. Social also care illustrates what is the level of social problems inside the city (ex. the level of poverty, homelessness, amount of physically and mentally disabled people etc.) The careful analyses based on diverse indicators show how attractive the city is for setting and maintaining families.			high level of health facilities, adequate limit places and personnel amount in social institutions, quick and simple access to social organisations, lack of bureaucracy, innovations used in social organisations, highly developed social benefits' strategy, eventful city program with social connected issues' focus			

Employment	Employment levels illustrate the city's economic power. It describes in which economic fields the city excels, and which aspects need more care. The criterion indicates both problems and opportunities into creating balanced economic cities. It also shows the structure of labour force and people engagement. It is strictly related with educational level of society.	Long term low unemployment rate, strong labour force, high percentage of self-sufficiency in solving local problems, wisely-led international collaboration, friendly business climate, full-filled events and projects city' calendar							
Mentality	Mentality is a collection of social and cultural habits that need to be carefully analysed to make 'close-to-truth' conclusions. The criterion is based on public surveys, people' opinions, long-term societies' observations and gives the overview of people general satisfaction of life in the city. It illustrates what kind of people live in the city, whether they are rooted to the tradition and history or have modern attitude to life. It describes the city profile, what it derives from and how it could transform in the future.	openness for travelling, openness for culture by organising and participating in projects, events with international collaboration, high number of culture connected hobbies, city debates, conferences, elections, active collaboration with municipalities, authorities' engagement into building friendly relation with its society by creating opportunities exposing society integration, strong presence of traditions and modern lifestyles and technologies equally in individuals lives							

Average

Média, pontuação máxima definida como 10

lack of healthcare facilities, shortage of social institutions' personnel, lack of city involvement, high amount of society who are deprived of basic human needs	7	7	8	5	7	6	No data	7
structural and high unemployment rate, apathy among locals to work for its city, unfavourable employment forecast, low profile in the international projects, programs, organisations	5	5	2	3	8	7	8	8
absence of feeling for need to travel, unquestioning attachment to region, decreasing percentage of organising and participating in cultural events, lack of eagerness to international collaboration, absence of need to develop themselves, absence of need to educate, no interest in modern lifestyles and technologies	7	5	3	4	9	9	1	10
	7,00	6,17	3,67	3,83	7,50	7,17	3,33	7,67
	9,13	8,04	4,78	5,00	9,78	9,35	4,35	10,00

Criteria	Why chosen	High score
		What is considered best score
Waterfront-harbour	Harbour is an important part of a waterfront city. We look how cities develop their port, marines and how work a shipyard.	A port is working properly. There are well operating and developing marinas and sea ports.
Waterfront-recreational	Development of waterfront paths, and parks. Recreational parts of a waterfront can create an image of a city. They can be used by citizens but also by visitors.	It is well designed, visually interesting, well maintained.
Green spaces	Green spaces play important role in a city structure. Parks and forests.	They are safe, well maintained, and accessible.
Public Spaces & Place-making	It illustrates how citizens create new places to meet, play and relax in their surroundings	People take responsibility for creating public spaces in creative way. New places are functional, well maintained, full of people.
Revitalizations-old town	The historical part of the city build identity of the city and image for visitors.	A City Council revitalize and take care about historical districts. History is exposed in innovative way
Housing	It shows how people live, how they care about their neighbourhood. It also identifies positive developments and deficits in the housing stock	City cares about living conditions and tries to improve them
Structure	It illustrates how urban planning looks like in each of the cities and which urban development models have been pursued. Are they sustainable in the long run or rather short termed....	City is well organised. It has defined downtown and other functional parts. There is a law that regulate how can be situated buildings and how they should look like. An order is visible in every parts of a city. The city is compact.
Average		

Média, pontuação máxima definida como 10

Low score   **Scores (1 = lowest, 10= highest)**

What is considered lowest score	*Kiel*	*Lübeck*	*Rostock*	*Szczecin*	*Gdynia*	*Gdańsk*	*Kaliningrad*	*Tallinn*
Sea port is in decline or not developed. There is no space prepared for private boats.	10	10	6	5	7	6	4	6
It is devastated, unorganised, unsafe.	8	9	6	6	7	7	3	4
They are unsafe. City doesn't care about them. They are neglected and show signs of vandalism	8	9	6	6	7	8	3	6
Citizens don't take part in creating places in their city. There is lack of nice spaces to meet people and to spend free time.	8	8	5	6	8	8	4	4
Old town is neglected	-	9	7	6	-	8	4	7
A city doesn't care about living conditions. Housing areas are neglected and deficits in the housing stock are not addressed.	10	10	6	5	7	7	3	6
City does not have a defined centre. There seems to be a lack of planning and buildings are situated in a chaotic way. There are many brownfields in a city.	10	10	7	5	8	7	4	4
	9,00	9,29	6,00	5,57	7,33	7,29	3,57	5,29
	9,69	10,00	6,46	6,00	7,90	7,85	3,85	5,69

Criteria	Why chosen	High score
		What is considered best score
Sustainable public transport system	Green, eco-friendly systems are very important in European strategies of developing. Choosing this kind of transportation demonstrates the modern way of city planning.	Low energy transport mode, electric, solar systems of transport instead of environmentally unfriendly systems. Promoting of waterways.
Smart system	Systems help in promoting public transportation in big metropolises. Smart solutions solve problems of traffic and make public transportation more popular, accessible and attractive.	Grade of implementation, subjective scope.
Multimodal	Multimodal solutions are common in harbour cities, this solutions are economical. Effective systems impact trade development.	Systems bi- multi-, or intermodal in cities to reduce the environmental impact and improve energy efficiency of transport. Maximization, extend all transport modes complementary to each other (co-modality).
Regional and supra regional connectivity	Transport connection between areas, cities in regions become more accessible and cheaper. Global developing influence faster economical growth. Changing of goods are fast and easy.	Range of connections.
Environmental friendly private transportation	Easy to use and simple systems especially in human powered transportation create *human scale* cities.	Solutions in creating bicycle ways; paths, roads, bicycle highways. The number of bicycle ways in city.
Innovation and accessibility	Innovation and easy access demonstrate an open mindedness and client orientation of operators.	The number of innovative solutions which influence on better mobility in city.
Average		

Média, pontuação máxima definida como 10

*cidade capital

| Low score | | | | Scores (1 = lowest, 10= highest) | | | |

What is considered lowest score	Kiel	Lübeck	Rostock	Szczecin	Gdynia	Gdańsk	Kaliningrad	Tallinn
High number of systems unfriendly for environment.	10	10	10	8	9	8	5	10
Lack of smart solutions in transportation mode.	9	10	10	7	9	9	4	8
High number of solutions which have potential for cooperation but not used.	10	10	10	8	10	10	8	8
Lack of regional interconnection, national and regional transport networks.	10	10	10	8	8	9	8	8
Cities which don't use these solutions, or have no policy to increase their use.	10	10	10	6	7	8	3	9
Lack of innovations.	10	10	10	6	9	9	3	10
	9,83	10,00	10,00	7,17	8,67	8,8,3	5,17	8,83
	9,83	10,00	10,00	7,17	8,67	8,83	5,17	8,83
	9,83	10	10	7,17	8,67	8,83	5,17	8,83

| Low score | | | | Scores (1 = lowest, 10= highest) | | | |

What is considered lowest score	Kiel	Lübeck	Rostock	Szczecin	Gdynia	Gdańsk	Kaliningrad	Tallinn
Weak contact with city marketing management, poor accessibility of strategic documents and bad level of their reliability.	7	6	8	6	7	7	4	6

Marketing activities are blurred. Little is done to improve an image of existing places and new places are not formed. Places are non visible inside and outside.	7	6	8	8	7	7	3	7
Hospitality and good atmosphere are not associated with city. Important, historical events or famous people are not well known.	7	8	7	8	7	6	4	6
Basic elements of branding are not visible.	7	6	6	10	5	6	4	4
Ads are to hide problems and they are not part of their solutions. There is no balance between marketing activities and districts conditions.	8	7	7	6	7	7	4	7
Websites are not clearly designed and well-organized. Basic information is hard to find: event calendars, tourist cards and other offers. Little to no means to inform oneself before visiting the city.	7	8	8	7	7	8	6	9
Difficult and user friendly communication with office via internet and/or in a city space.								
	7,17	6,83	7,33	7,50	6,67	6,83	4,17	6,50
	9,56	9,11	9,78	10,00	8,89	9,11	5,56	8,67

Criteria	Why chosen	High score
		What is considered best score
Management and infrastructure	City management is responsible for making strategies, plan and creating city brand.	Good contact with city marketing management, easy accessibility of strategic documents and good level of their reliability. More and more places are visible inside and outside.
Place marketing	Every city has an individual variety of spaces which are some kind of city symbols. Sometimes they live by themselves but very often they become an important aspect of city life because of overhead reaction.	Not ordinary ways of promoting places (care of existing places and creating new one): animation of the space, variety of events etc
Identity	It shows how citizens and people form outside feel in a city and how they participate in a city life.	A lot of people take part in city events. They care about public spaces. Inhabitants are known form hospitality and with the same they create positive city image outside. City use picture of famous people or events connected with this area. Population grows.
Visual communication	It illustrates how city communicate with people outside and inside.	There are basic elements of visual communications like logo, slogan, colours. But there are also a lot of different things like gadgets, posters etc. What is more they are recognizable inside and outside.
Sustainable of marketing	The balance between the condition of the city and the image.	Ads do not hide problems but are part of their solutions. There is a balance between marketing activities and strategic activities.
Tourist information	Revenue from tourism is an important element for the cities budgets. Branding abroad is therefore a very important element.	Websites are very clearly designed and wellorganized. There is easy access to basic information: event calendars, tourist cards and other offers. A lot of documents are available to download. There is an easy communication with office via internet and in a city space.
Average		

Média, pontuação máxima definida como 10

Numa fase seguinte, cada uma das cidades foi classificada de acordo com os parâmetros, numa escala de 0 a 10, pela equipa de investigação, com base na investigação realizada. Embora este sistema contenha um certo grau de subjetividade, a discussão em grupo, os conhecimentos de base da equipa e a coerência do processo de classificação garantem uma fiabilidade suficiente para o objetivo pretendido. A classificação também permite comparar um conjunto diversificado de aspectos com base no desempenho global. A cidade com melhor classificação num determinado aspeto recebe sempre o 10, sendo as outras classificadas com uma classificação inferior.

Os resultados desta classificação dão uma visão pormenorizada do desempenho das diferentes cidades em comparação com as outras cidades investigadas. Para uma melhor comunicação e para dar uma ideia global do nível de sucesso de uma cidade, os diferentes parâmetros de um domínio de investigação foram combinados com igual peso numa classificação global e representados de forma diagramática para facilitar a digestão dos resultados e dar indicações sobre as primeiras medidas a tomar.

1.0. Conclusão

A investigação mostra claramente que as cidades que faziam parte do mundo ocidental continuam, em geral, a ter melhores resultados do que as localizadas num ambiente pós-socialista. No entanto, há domínios específicos em que o último grupo alcançou ou mesmo ultrapassou o primeiro. Enquanto no passado se verificava uma diminuição gradual da imagem e do desempenho das cidades quando se deslocavam na direção leste, agora surge uma situação em que o intercâmbio e a colaboração reais, ou seja, a possibilidade de aprenderem uns com os outros, são úteis e frutuosos. Neste caso, aprender com os vizinhos pode ser a forma mais adequada e eficaz de melhorar, uma vez que muitas condições (clima, cultura, localização, dimensão...) são semelhantes ou, pelo menos, imediatamente comparáveis. O desenvolvimento do método e dos instrumentos propostos nesta investigação pode tornar-se a ferramenta para orientar uma colaboração mais intensa entre as cidades da região urbana transfronteiriça que definimos como Baltia.

2.0. ANÁLISE - UMA VISÃO GERAL
PIOTR ZELAZNOWSKI

2.1. Administração e colaboração

Durante toda a investigação, foi crucial dar uma visão geral das cidades estudadas. Isto inclui três aspectos fundamentais a focar:
1. a estrutura global da administração (desde o contexto de todo o Estado, passando pela importância regional, até às competências da administração local);
2. colaboração geral entre as cidades (tipologia e alcance dos projectos e da cooperação);
3. participação do público e instrumentos de ordenamento do território.

2.2. Obter informações regionais

A descentralização dá às cidades mais pequenas a oportunidade de se tornarem mais significativas e importantes no contexto regional, estimulando assim a economia local. A tendência da UE para simplificar a divisão territorial é cada vez mais visível na Polónia. Após as reformas administrativas de 1999, o número de voivodias foi reduzido de 49 para 16. A reforma incluiu também as divisões de segundo e terceiro níveis. As regiões (1º escalão) estão a tornar-se cada vez mais independentes, sendo-lhes atribuídas mais funções a nível local. A divisão alemã pode ser um bom exemplo de independência do governo local, mas esta depende obviamente do sistema estatal geral, que é diferente do da Polónia ou da Estónia, com a sua divisão a dois níveis.

Depois temos a divisão administrativa russa, um sistema muito complexo, étnica, religiosa e culturalmente diverso, que causa muitos obstáculos em caso de descentralização de competências. Poderá isto ser melhorado através da aprendizagem com os países ocidentais? É difícil ser otimista em relação ao maior e mais complexo país do mundo em termos administrativos.

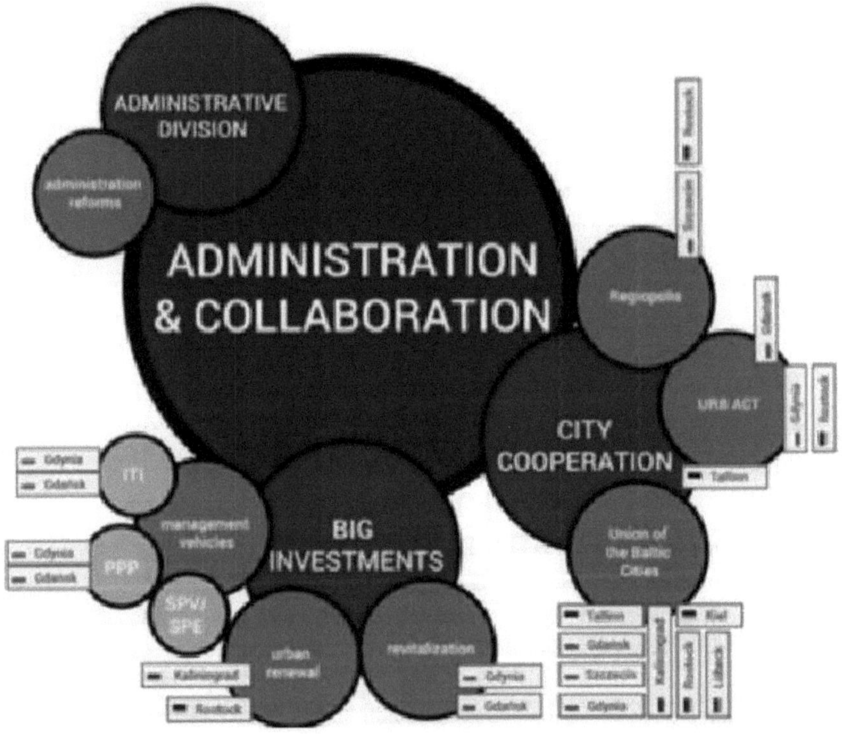

Source: Authors' own work

Destaques:
- simplificação territorial
- para a administração local
- as "metrópoles" locais

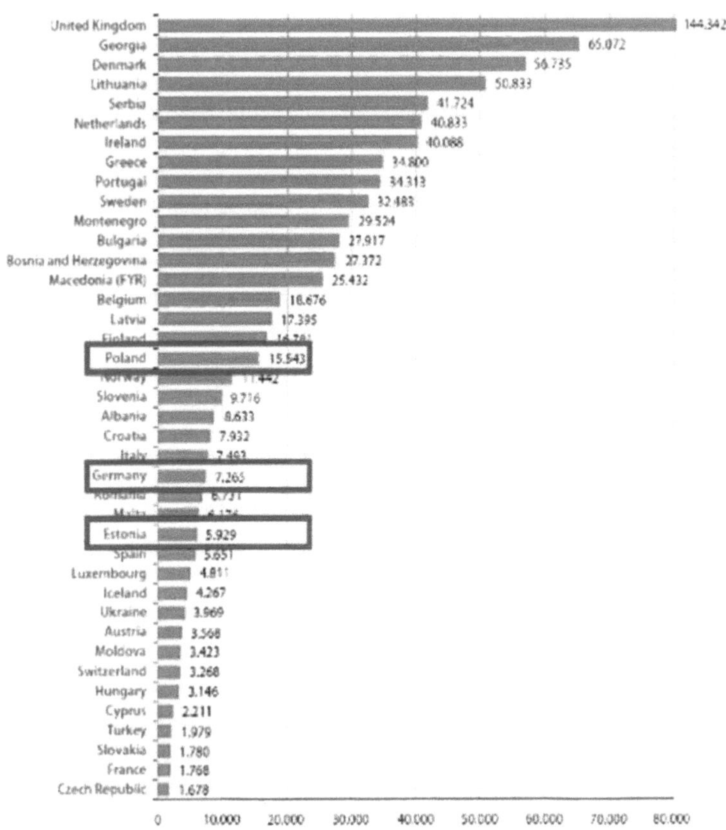

7. Dimensão média da população dos municípios (países europeus)

Em destaque:

Polónia-15 543

Alemanha - 7 265

Estónia - 5 929

8. Dados estatísticos de base sobre os governos subnacionais da Europa

Country	Population (in millions)[1]	Surface area (km^2)	1st tier[2]	2nd tier	3rd tier
Denmark	5.56	43 098	98		5
Estonia	1.34	45 227	226		
Germany	81.75	357 027	11 252	295	16
Latvia	2.07	64 589	119		
Poland	38.53	312 685	2 479	380	16

2.3. Colaboração

A par do regime administrativo, é o apoio regional que se revela uma forte tendência política na União Europeia. Existem centenas de iniciativas, projectos e programas que favorecem o desenvolvimento regional entre as cidades, por exemplo

ITI - Investimentos Territoriais Integrados (maioritariamente no âmbito das regiões metropolitanas), que obrigam as cidades (mais precisamente os municípios) a cooperar dentro dos seus limites regionais. Isto, por sua vez, afecta a importância crescente dos municípios "não metropolitanos", que - juridicamente associados - têm novas possibilidades de angariar fundos para os seus projectos de desenvolvimento, la, lb

Regiopolis e regiopolregion - algo entre uma tipologia e um programa de colaboração. Regiopolis é uma cidade de média dimensão, com mais de 100.000 habitantes, com uma série de funções metropolitanas, mas fora da área metropolitana. A regiopolregião é uma forma de cooperação entre estas cidades, por exemplo, Rostock e Szczecin.[9]

URBACT - o programa de intercâmbio da UE, que associa as cidades localizadas nos países membros da UE.

Este é o tipo de programa em que apenas Kaliningrado, como exclave russo, não pode participar. Assim, toda a cidade e o oblast perdem muita da experiência e dos conhecimentos europeus em termos de financiamento, gestão de projectos (Grupos de Apoio Local[10]), planeamento (Plano de Ação Local[11]), etc. O programa URBACT é um exemplo muito bom de uma metodologia de intercâmbio, que pode ser implementada noutros domínios de desenvolvimento em diferentes cidades.

A União das Cidades Bálticas - uma rede das cidades do Mar Báltico nos dez países vizinhos. Partilha o potencial de todas as cidades membros em diferentes domínios, com base em programas operacionais de acordo com as prioridades aclamadas na Estratégia UBC.

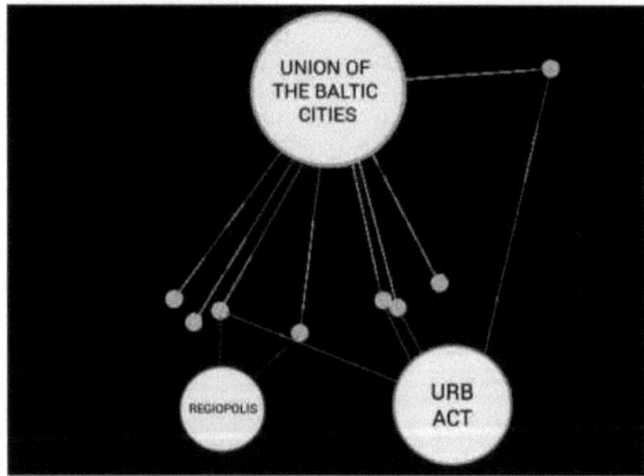

3. Participação das cidades nos projectos escolhidos Autor: Piotr Zelaznowski
[la lb] Dados através da World Wide Web: ec.europa.eu/regional_policy/ [setembro de 2014]]

---

[9] Dr. Andreas Schubert
"Regiopolregion Rostock - new evidence on different types of gateways and their future role" (Região de Rostock - novos dados sobre os diferentes tipos de gateways e o seu futuro papel), dados através da World Wide Web: www.espon.eu [setembro de 2014]
[10] O kit de ferramentas do grupo de apoio local URBACT II junho de 2013
Dados através da World Wide Web: www.urbact.eu [setembro de 2014]
[11] Nils Scheffler
Grupos de Apoio Local - Planos de Ação Local Planos de Gestão Integrada do Património Cultural, maio de 2010

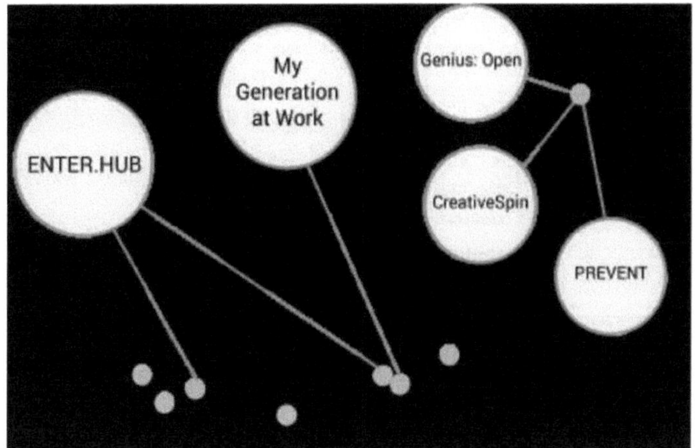

4. Envolvimento das cidades no projeto URBACT Autor: Piotr Zelaznowski
5. Logótipos
Fonte: www.urbact.eu [setembro de 2014]

Tendo em conta os exemplos, é agora claro que a colaboração contínua das cidades é possível e visível a diferentes níveis, desde programas de intercâmbio regionais a internacionais. Cada uma das iniciativas acima mencionadas tem as suas próprias metodologias de desenvolvimento e financiamento, resultando em efeitos diferentes. A questão mais importante é a troca de experiências. As cidades mais activas na arena internacional (na região do Báltico, como Gdansk, Gdynia, Rostock e Tallinn) adquirem a maior parte da experiência e das boas práticas que estão prontas a implementar[12] . Além disso, existem vários programas (desenvolvimento espacial, centros e serviços de transporte, etc.) que requerem uma melhor

---

[12] enter.hub, My Generation at Work, Genius: Open, CreativeSpIN, PREVENT

especialização para responder às exigências e necessidades das cidades modernas. Neste domínio, Kaliningrado permanece na parte inferior desta classificação, devido à supervisão russa, mantida afastada dos programas operacionais e de financiamento da UE, que são muito lucrativos.

2.4. Participação do público
Ferramentas de desenvolvimento espacial

O tema da participação é um assunto bastante atual nas cidades em desenvolvimento. Uma das consequências da descentralização é a prática corrente de envolver os cidadãos principalmente nos processos de tomada de decisões orçamentais e de desenvolvimento espacial. Isto inclui as ferramentas eGovemment, que Tallinn implementa com outras comodidades electrónicas, actuando como um bom exemplo da introdução das TI na administração da cidade[13] . Isto abre caminho à transparência da tomada de decisões por parte das autoridades locais, o que, por sua vez, aumenta o envolvimento cívico no crescimento da cidade - de forma sustentável.

As acções locais, como o orçamento cívico em Gdansk e Gdynia, estão a tornar-se mais populares, mas continuam a ter alguns opositores entre os peritos e os activistas sociais, que argumentam que desviam a atenção das verdadeiras questões orçamentais.

Por um lado, temos a participação dos habitantes e, por outro, um crescimento rápido sem opositores na sociedade. Muitas vezes questionado sob a forma de "isto ou aquilo". Gdansk é um exemplo de método de planeamento diretor, baseado numa espécie de regra de bricolage de cima para baixo. As zonas mais importantes da cidade estão a ser vendidas sem respeitar as objecções de muitos habitantes (por exemplo, estaleiro, zonas costeiras, mercados de Sienny e Rakowy[14]). Este tipo de política levanta a questão da "batalha pelo património", que tem lugar constantemente durante o desenvolvimento destes projectos. Não haverá melhor forma de desenvolver a cidade do que vendê-la para grandes centros comerciais numa modalidade confidencial de PPP? Pensemos nos concursos de desenvolvimento urbano, que parecem estar limitados a edifícios singulares nas cidades polacas. Neste caso, podemos olhar para o concurso "Coração da Cidade", em Kaliningrado, no qual participaram vários gabinetes de arquitetura de prestígio.

A procura da melhor forma de desenvolvimento sustentável (quer se trate de um concurso ou de qualquer outro tipo de experiência sólida baseada na investigação) deve ser fundamental na cidade báltica ideal moderna, tal como os programas de intercâmbio acima referidos.

---

[13] Toomas Sepp
A implementação do e-Govemment na cidade de Tallinn; Dados do Gabinete da Cidade de Tallinn através da World Wide Web: www.tallinn.ee/eng/gl813s40934 [setembro de 2014]

[14] quanto maior o investimento, menor a vontade de envolver os cidadãos. Podemos encontrar bons exemplos de participação pública em Gdansk, por exemplo, o STeR - projeto de desenvolvimento do sistema de ciclovias, que consistiu em 19 sessões de trabalho com os residentes, resultando na apresentação de 640 propostas
Fonte: "Capital da Bicicleta, Gdansk - uma escalada na Europa, pioneira na Polónia" - Rostock, 22 de maio de 2014

Mais sobre este assunto:

1. Participação pública na Europa - Uma perspetiva internacional, Instituto Europeu para a Participação Pública, junho de 2009
2. Frank Friesecke, Public Participation in Urban Development Projects - A German Perspective, maio de 2011
3. Dr. Tatiana Ershova, Dr. Yuri Hohlov, Sr. Sergei Shaposhnik, E- Participation in Russia: Dificuldades de desenvolvimento e realizações recentes
4. Wenzel Salachov, Artur Samits, O "coração da cidade" escondido de Kaliningrado

Mais sobre este assunto:

www.ega.ee - organização não governamental, sem fins lucrativos, fundada para a criação e transferência de conhecimentos relativos à governação eletrónica, à democracia eletrónica e ao desenvolvimento da sociedade civil.

3.0. ECONOMIA
BOLESLAW SLOCINSKI

Na investigação económica das referidas cidades, há um grande número de factores que podem e devem ser considerados. Um fator chave que se destacou como ferramenta para interpretar as economias das cidades foi o PIB (BPF). A análise do crescimento económico das cidades estudadas nos últimos 25 anos (gráficos n.º 1,2, 3) leva-nos a três questões:

1. Porque é que as cidades alemãs são tão ricas e outras não?
2. Porque é que algumas cidades estão a desenvolver-se mais rapidamente do que outras?
3. Porque é que Tallinn foi mais afetada pela crise de 2008 do que outras cidades?

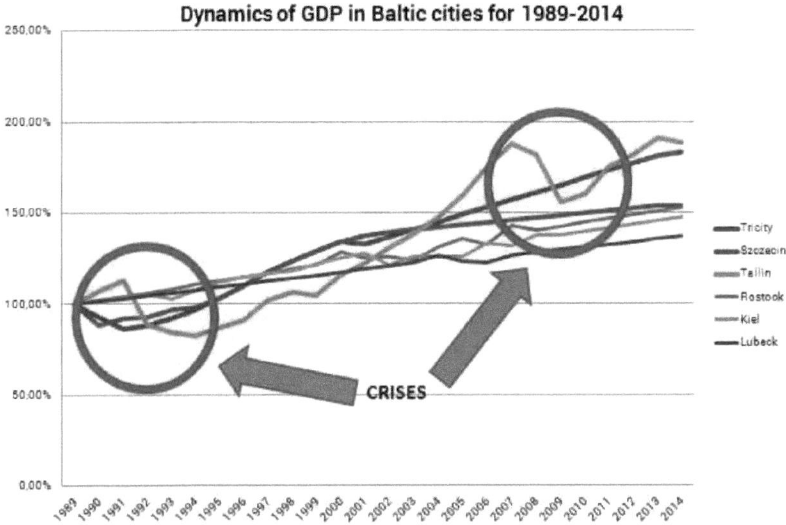

6. Crescimento económico nominal nas cidades do Báltico em 1989-2014
Autor: Boleslaw Slocinski

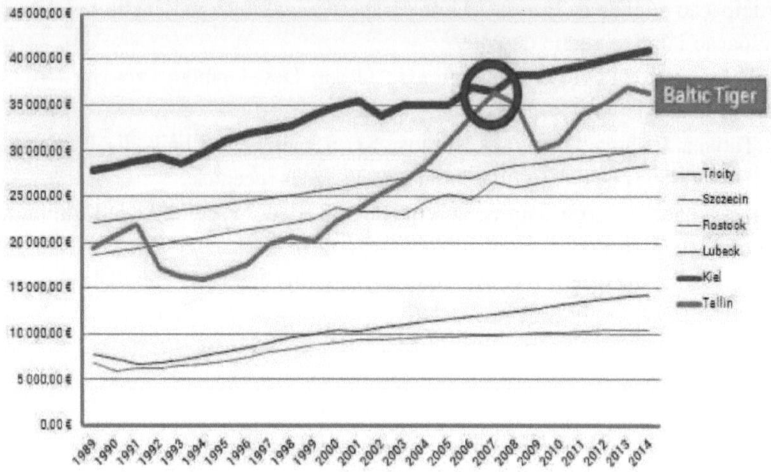

7. Dinâmica do PIB nas cidades do Báltico para 1989-2014 Autor: Boleslaw Slocinski

Para responder à questão de saber por que razão as cidades alemãs são muito mais ricas, apesar de o seu crescimento não ser tão dinâmico, temos de olhar para os dados da inflação, para a estrutura da sua economia e também para a política alemã relativa às PME. Nos últimos 20 anos, a inflação média na Alemanha foi de 1,55% ao ano, na Polónia de 7,61%, na Estónia de 8,44% e na Rússia de 40,65%[15] . Uma inflação baixa significa que as economias locais não tiveram de se debater com grandes choques de preços e o seu crescimento pôde ser estável. Se contarmos a inflação acumulada nos últimos 20 anos, é chocante que os preços nas lojas polacas tenham subido 248 vezes, ao passo que na Alemanha apenas 4,48%.

Nas publicações sobre o sucesso da economia alemã - a maior economia europeia - podemos ler:

> *"Uma garantia do sucesso do "modelo alemão" são as tecnologias avançadas, uma vez que a Alemanha não dispõe de verdadeiros recursos naturais. Cerca de 11% dos trabalhadores alemães estão empregados em indústrias de alta tecnologia - muito mais do que a média da UE.[16]*

Isto significa que o sector da alta tecnologia cria uma vantagem competitiva. Também não podemos esquecer a produtividade da economia alemã e a elevada qualidade dos produtos industriais[17] . A economia alemã é também a mais amigável da região estudada[18] .

---

[15] Dados: www.inflation.eu
[16] Danhong Z. (2013) Os segredos do sucesso eco-nómico da Alemanha: Dados através da World Wide Web: http://www.dw.de/the-secrets-of-germanys-economic-success/a-17169035 [fevereiro de 2015]
[17] Anderson R. (2012) A força económica alemã: Os segredos do sucesso.
Dados através da World Wide Web: [http://www.bbc.com/news/business-18868704]
[18] Banco Mundial (2013), Ease of doing business ranking,
Dados através da World Wide Web: http://www.doingbusiness.org/rankings [fevereiro de 2015]

8. Braçadeira de tensão da Vossloh

É por isso que Kiel é a cidade mais rica da investigação apresentada. Kiel está localizada num ambiente amigável, na saída do Canal de Kiel. Aí estão localizadas muitas empresas da indústria ferroviária, por exemplo, a Vossloh, que produz braçadeiras de tensão, ou a Caterpillar, que fabrica locomotivas a diesel e motores marítimos a diesel. Kiel é também a capital do estado de Schleswig-Holstein, pelo que a função administrativa aumenta o seu PIB. O turismo representa 9,6% do produto de Kiel (valor das vendas no sector do turismo em 2011: 812 milhões de euros). O turismo é um importante fator económico nas cidades bálticas. Este facto deve ser tido em conta na criação de espaços públicos e de estratégias de desenvolvimento para as cidades estudadas. Pode afirmar-se que Tallinn segue os passos de Kiel. A cidade conseguiu criar e atrair indústrias inovadoras, como o Skype ou o Centro de Excelência de Ciberdefesa Cooperativa da NATO. Mesmo antes da última crise, em 2007, Tallinn alcançou Kiel.

Atualmente, a economia da Estónia está um lugar abaixo da Alemanha na classificação da facilidade de fazer negócios, pelo que as cidades mais ricas são as que têm a economia mais favorável à investigação. A indústria de alta tecnologia, especializada e de elevada qualidade e um clima económico favorável são a chave para a riqueza e a prosperidade económica das cidades bálticas.

9. A zona ribeirinha de Tallin
Foto da World Wide Web: www.flickr.com [setembro de 2014]

10. Tallinn Tomimae - centro de negócios Foto da World Wide Web: upload.wikimedia.org [setembro de 2014]

Porque é que existem diferenças visíveis na dinâmica do crescimento? O sucesso de Tallinn e a estagnação de Szczecin podem dar uma pista. Tallinn situa-se na Estónia, com uma economia com impostos baixos e simples de contabilizar e pagar. Na Estónia, os empresários gastam 81 horas para preencher as declarações de impostos e podem fazê-lo pela Internet - na Alemanha, 216, na Polónia, 286 horas.

A Estónia transformou-se muito rapidamente:

> *"Os alicerces foram lançados em 1992, quando Mart Laar, o primeiro-ministro da Estónia na altura, desfibrilou a economia em declínio. Em menos de dois anos, o seu jovem governo (idade média: 35 anos) deu à Estónia um imposto sobre o rendimento fixo, comércio livre, moeda sólida e privatizações. "[19]*

Tallinn foi eleita em 2013 a 7ª cidade mais inteligente[20] . Num ambiente amigável, a criatividade e o empreendedorismo desenvolvem-se rapidamente. Szczecin é diferente, porque pode ser considerada o inverso de Tallinn. Uma economia carregada de burocracia, pessoas idosas com mentalidade retrógrada em posições-chave levam à falta de investimentos-chave e a falta de indústrias de alta tecnologia leva esta cidade à estagnação e ao encolhimento. Szczecin continua a ser o maior porto polaco, mas, sem uma política moderna e liberal, corre o risco de regredir.

---

[19] Abhishek K. (2013) How did Estonia become a leader in technology?
Dados através da World Wide Web: [http://www.economist.com/blogs/economist- explains/2013/07/economist-explains-21]
[20] Fórum da Comunidade Inteligente (2013) Tallin
Dados através da World Wide Web:
[http://www.intelligentcommunity.org/index.php?src=news&refho=773&category=Communi ty&prid=773]

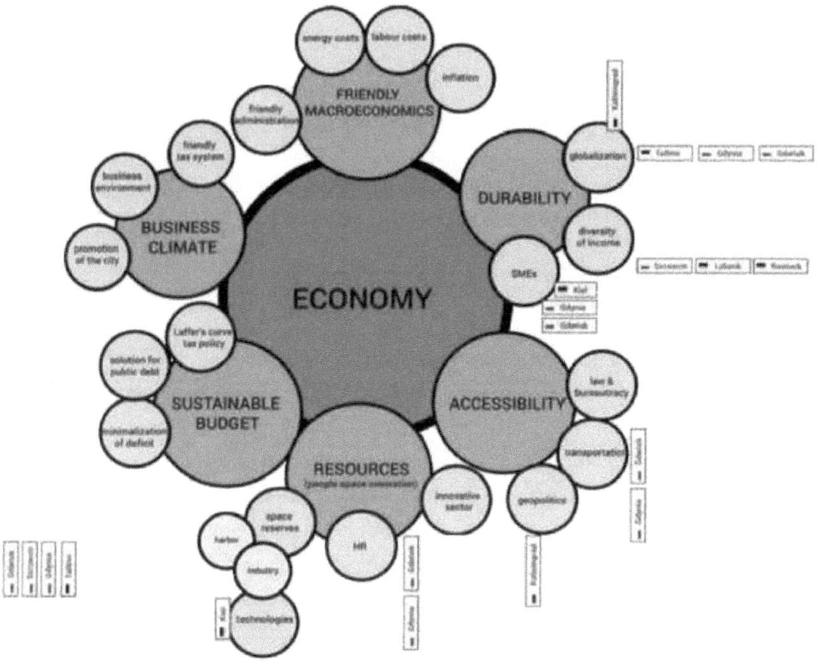

11. Ilustrações de tópicos Trabalhos dos autores

12. Orla marítima de Kaliningrado
Foto da World Wide Web: http://swiatowidz.pl/2012/07/rosyjka-czyli-rosyjski-barbakan-w- europie/
[setembro de 2014]

A chave do sucesso da Estónia foi também a causa da crise. A Estónia tem um mercado interno muito pequeno, o que gera pouca procura. Quando, em 2008, se instalou a crise económica mundial, as empresas estónias deixaram de poder vender os seus serviços no estrangeiro e, na ausência de um mercado interno de dimensão considerável, a economia entrou em colapso. Durante dois anos, o PIB de Tallinn diminuiu 17,7%. Outras cidades resistiram melhor à crise, por várias razões. Tricity foi beneficiária da crise - as empresas internacionais (corporações, armadores) estavam à procura de poupanças e escolheram Gdansk e Gdynia para localizar os seus escritórios. Uma vez, Tricity tornou-se o maior centro de contentores da região. As cidades alemãs atravessaram a crise com a ajuda de subsidiárias do governo e de um programa de despesas com grande défice. Além disso, a dimensão da economia e os seus fortes laços, especialmente na Ásia, levaram a uma rápida recuperação.

Depois de analisar e comparar os dados relativos às cidades estudadas, é possível tirar uma conclusão geral para cada uma delas:

1. Kiel - "porta para a região", não só pela localização, mas também pelo sucesso económico. Indústria de alta tecnologia, especializada, de alta qualidade e economia amigável - este é o caminho de Kiel para o sucesso. Na Alemanha, a tecnologia confere à economia uma vantagem competitiva - é por isso que as cidades alemãs têm um PIB mais elevado, mesmo quando têm défices estruturais noutros domínios.

2. Kaliningrado - exclave estratégico, com pouco mérito económico. A cidade está situada num local estratégico para a Rússia. Neste papel, é fortemente apoiada pelo governo, o que, por sua vez, cria pouca necessidade de uma atividade económica rentável. Nos últimos 25 anos, registou um crescimento de apenas 22,2%.

3. Lubeck - cidade turística na órbita de Hamburgo. Faz parte da Área Metropolitana de Hamburgo, a 9ª mais rica da UE. Especializada em estaleiros navais para iates.

4. Rostock - desafio estrutural pós-RDA. Desde que a Alemanha se uniu novamente, a parte oriental da Alemanha tem-se debatido com a crise estrutural e as consequências do colapso generalizado da economia local. O desemprego é elevado e o crescimento é reduzido. Os subsídios federais continuam a desempenhar um papel muito importante.

5. Szczecin - a "Hamburgo polaca" pouco investida. Cidade com um enorme potencial. A lagoa de Szczecin e as vias navegáveis interiores do rio Odra precisam de ser melhoradas. Perto de grandes cidades como Berlim e Varsóvia. Debate-se com a falta de inovação, a reforma económica e a mentalidade pós-socialista.

6. Tallinn - Tigre do Báltico. A cidade com o desenvolvimento mais rápido na investigação. O seu crescimento entre 1994 e 2014 foi de 228%. Forte classe inovadora - 15% de todos os trabalhadores. Sensível à crise global devido ao pequeno mercado interno e aos serviços direcionados para mercados estrangeiros.

7. Tricity - coração sinérgico do Mar Báltico. Trata-se de uma aglomeração bicêntrica, situada no centro da costa, constituída por três cidades: Gdansk, Gdynia e Sopot. Gdansk

8. e Gdynia são centros aqui. As três cidades competem entre si, mas esta competição cria sinergia e força na área metropolitana. O maior centro de contentores da região do Mar Báltico. Duradouro para a crise com a crescente classe criativa. A cidade precisa de mudanças na gestão das aglomerações, de investimentos em vias navegáveis interiores no rio Vístula e de um sistema fiscal polaco mais favorável às PME.

13. Terminal de contentores de águas profundas - DCT Gdansk

Foto da World Wide Web: http://dctgdansk.pl/pl/2010-sees-dct-gdansk-achieve-its-goal-of- becoming-the-new-hub-for-the-entire-baltic-sea-region/ [setembro de 2014]

14. terminal de contentores do Báltico - BCT Gdynia

Foto da World Wide Web: http://www.itl.net.pl/itl-www/galeria-nabrzeze-bct-pl-125.html [setembro de 2014]

4.0. TECIDO SOCIAL
NINA BLOCH

Conscientes da complexidade que é inevitável para descrever o que constitui uma sociedade, existem factores que permitem quantificar uma sociedade e julgar os resultados de qualidade que obteve. O Baltic Research analisou oito cidades com oito sociedades condicionadas de forma diferente, cada uma com semelhanças e diferenças fundamentais em relação às outras.

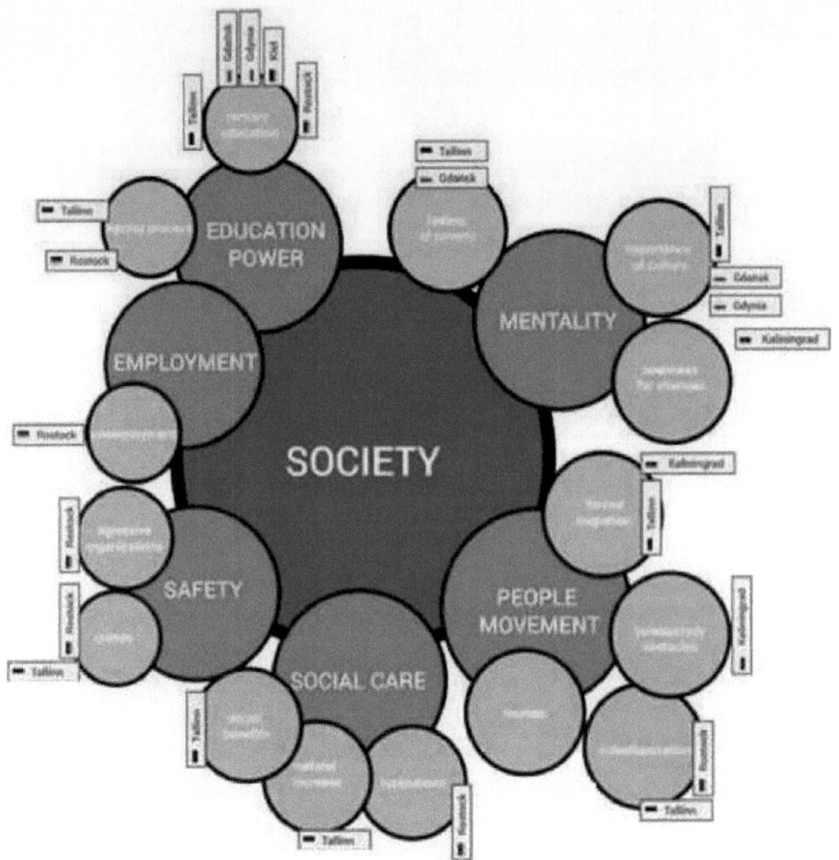

15.Tópico s' ilustrações Trabalho próprio dos autores

4.1. Seleção do tamanho

Numa primeira fase, a dimensão da população das cidades bálticas e a sua evolução constituíram um critério básico de investigação. Rostock (número de habitantes em 1989: 260 000; em 2012: 202 887; variação de dimensão: 57 113 diminuição), Kaliningrado (1989: 401 280, 2013: 441 376; variação de dimensão: 40 096 aumento) e Tallinn (1989: 478 984, 2013: 406 059; variação de dimensão: 72 925 diminuição) destacam-se neste aspeto e, por conseguinte, foram objeto de uma investigação mais aprofundada).

4.2. Nomeação e apresentação da situação social das cidades

As conclusões de uma linha após um estudo aprofundado de uma vasta gama de fontes constituem o ponto de partida para ilustrar as condições sociais individuais em cada uma das cidades.

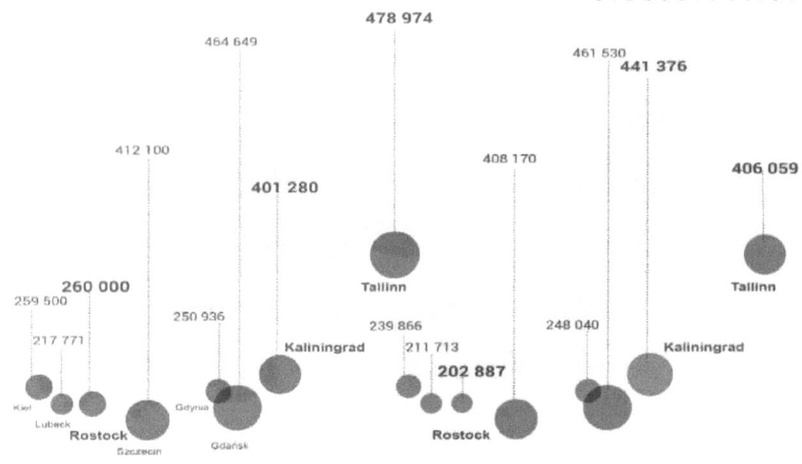

16. Dimensão da população, 1989 e 2013
Autor: Nina Bloch

-Rostock - a hostilidade inicia o processo de morte incontrolável da cidade",
-Kaliningrado - a proximidade da mente impede o potencial sucesso da cidade",
-Tallinn - a cultura estimula o sucesso da cidade".

4.2. Rostock

Antecedentes históricos

A história de Rostock começa com a criação da indústria naval e a vida da cidade que gira em torno dela. Era o tempo da mistura e da liberdade, onde o ar cosmopolita parecia desproporcionado em relação ao seu tamanho.

Rostock era conhecida pelo seu talento [21]

Após a reunificação alemã, a principal razão para a queda da população foi o declínio económico e, mais tarde, a típica suburbanização. Em conjunto com os imigrantes que regressaram à Rússia e a outros países ocidentais, criou-se o terreno fértil para a tensão social. Reinhard Knisch, da Rostock Burgerschaft, afirmou

> *Todos os estudos que realizámos, enquanto estive na Burgeschaft, mostraram o pior cenário possível e sabem que mais? De todas as vezes, ficámos abaixo do pior cenário! [...] Há coisas de que não se pode falar. Esta é uma delas [...] Pergunto-me, se essa redução para metade ocorrer numa geração, o que acontecerá na próxima? Não haverá ninguém aqui? "2*

---

[21] 1 Susan M.,(2014) Renewal in Rostock: Challeng-es Facing the Post-Socialist, Polycentric City, Universidade da Califórnia, Riverside

17. Os desordeiros atiraram cocktails Molotov

18. A polícia detém um desordeiro em 1992

19. Desordeiros na noite de 24 de agosto de 1992
Fonte: Fotos da World Wide Web:
http://www.spiegel.de/international/germany/rostock-residents-dread-20th-anniversary-of-neo-nazi- racist riot-a-851479.html [setembro de 2014

20. Turmoil Rostock 1992

Foto da World Wide Web: http://www.spiegel.de/intemational/germany/rostock-residents- dread-20th-anniversary-of-neo-nazi-racist-riot-a-851479.html [setembro de 2014]

20.1.1.   Ponto de encontro social

A situação alterou-se drasticamente em 1992, quando eclodiram motins dirigidos contra todos os residentes estrangeiros (leia-se: não ocidentais). As organizações neo-nazis receberam uma ampla simpatia e começaram a controlar a vida pública em algumas zonas da cidade. O ponto crucial ocorreu com o incêndio de um asilo de refugiados em Lichtenhagen (1992). A partir dessa altura, o perfil de Rostock passou a ser descrito como um reduto de simpatizantes da "extrema-direita". As pessoas diziam o seguinte:

> *'Os sábados pareciam muitas vezes uma cidade em guerra' 'Desde que sejas louro, estás bem' 'Casa dos skinheads'* 3

Devido ao caos crescente na cidade, a polícia especial "de praia" e as Unidades Móveis contra Activistas Extremistas (MAEX) restabelecem a ordem pública e evitam que os tumultos voltem a ocorrer.

20.1.2.   Top em crimes

Em 1999, Rostock ficou em oitavo lugar na Alemanha na categoria de "todos os crimes cometidos" por 100 000 pessoas, superando cidades muito maiores como Munique e Colónia. Rostock ficou entre os dez primeiros em cinco dessas categorias, incluindo: ofensas corporais graves, roubo, furto de automóveis e furto em lojas. Posição 11 em homicídios por 100 000 pessoas.

20.1.3.   Educação

Quanto ao nível de instrução, a situação de Rostock parece ser tão má como os outros aspectos sociais. Kurs Rostock 2010: Programa de Desenvolvimento Urbano mostra como o declínio das instituições de ensino influencia as infra-estruturas da cidade. Em 1997, Rostock tinha 102 escolas, mas o governo da cidade prevê que, em 2010, terá apenas 61. Só este número mostra o impacto do declínio da população na capacidade da cidade para manter as suas infra-estruturas. Além disso, Rostock tem o pior perfil educativo entre as três cidades selecionadas (Lubeck, Kiel, Rostock), com apenas 26 escolas em 2012. Apenas a histórica Universidade de Rostock, com um novo campus moderno, novas faculdades e uma biblioteca construída em 2005, goza de um reconhecimento de longa data, mas não está classificada entre as melhores universidades do país.

21. Número de escolas em Rostock, a cinzento: 1997, laranja: 2010
Autora: Nina Bloch

22. A nova biblioteca da Universidade de Rostock construída em 2005,
Autor easyDB (Univesitat Rostock)
Foto da World Wide Web: http://www.heulermagazin.de/2012/02/ausnahmezustand-sudstadt-bibliothek/ [setembro de 2014]

23. Ambientes de vida saudáveis em Rostock, programa interpopulacional em 2010
Autor Fotoagentur Nordlicht

4.3.4. Força de trabalho

O próximo aspeto preocupante da sociedade de Rostock foi a grande taxa de desemprego, especialmente em 2005, quando o número era de 19%. Uma das principais razões para tal foi a cultura laboral alemã desfavorável. Os habitantes locais preferem os estrangeiros. A situação é melhor descrita por um trabalhador local:

Tenho dois ingleses que são mais rápidos do que sete alemães [...] Se só tivesse subconstrutores alemães, teríamos falido há dois anos. Os alemães trabalham das 7.30h às 15.30h e às sextas-feiras só até às 14h. Não têm qualquer intenção de trabalhar aos fins-de-semana, dizem-me para me ir embora "4

4.3.5. Questões sociais com melhor classificação

Um dos movimentos apropriados na cidade foi a organização de uma conferência sobre o emprego dos jovens e as suas carreiras em 2010. Em 2011, a cidade participou no projeto "Ambientes de vida saudáveis em Rostock", centrado num conceito intergeracional de promoção da saúde, mostrando assim o empenho dos municípios na situação social.

O aspeto melhor classificado em Rostock é a assistência social e o seu nível satisfatório de instalações de cuidados de saúde com lugares suficientes e pessoal adequado. Este aspeto está estritamente relacionado com o processo de envelhecimento da cidade e com a idade média mais elevada (45,3 anos) de todas as outras cidades estudadas. Para tornar a situação mais ilustrativa, em 2012, Kiel atingiu 41,60, Lubeck 45,0, Tallinn- 38,0 (2011), Gdansk- 39,90 (2011) e Szczecin-40,60 (2011). Rostock está profundamente envolvida em diferentes programas, projectos e programas locais dirigidos às crianças e aos jovens: alimentação saudável na escola (20012004), o bairro de Evershagen como área amiga das crianças (2001-2005), "Envelhecer em Rostock" com enfoque na geração mais velha e na política de promoção da saúde entre eles (2008), objectivos de saúde infantil (2008-2010).

24. Composição setorial do emprego nas zonas suburbanas de Tallin

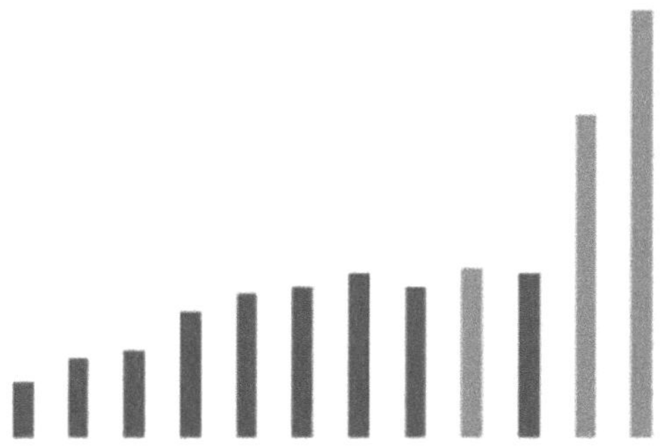

25. O número de estudantes universitários na Esto-nia, 1950-2004 Autora: Nina Bloch

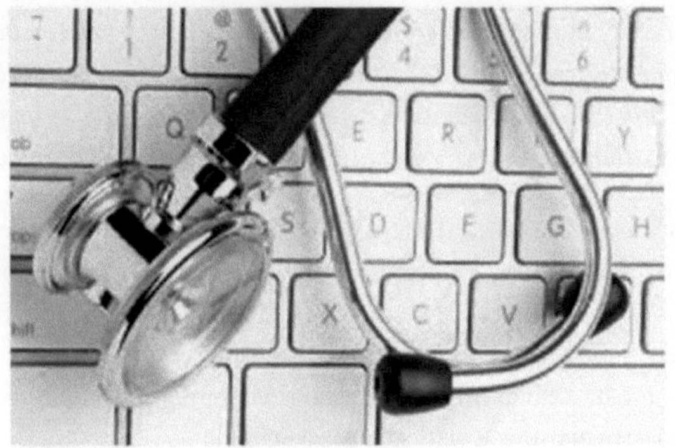

26. Conferência sobre Telemedicina e Saúde em Linha, realizada em Tallinn, de 23 a 24 de abril;
Fonte: https://e-estonia.com/telemedicine-ehealth-conference-held-tallinn-23-24th-april/
[setembro 2014]
Autor: Nina Bloch

4.4. Tallinn

4.4.1. Estilo rural de criar a história

A segunda cidade que parece representar a situação social oposta é Tallinn. Aqui, tudo começou com o programa de produção alimentar lançado na década de 1980 para colmatar a escassez de alimentos na antiga União Soviética. Em 1982, cerca de 50% dos trabalhadores suburbanos da área metropolitana de Tallinn trabalhavam na agricultura. Uma espécie de estilo de vida rural contribuiu para o sentimento geral de pobreza dentro da cidade. Apesar dos factos mencionados, os bons salários atraíam os imigrantes para os subúrbios, onde se situavam as unidades de produção agrícola mais ricas. O processo de declínio do número de habitantes da cidade de Tallinn continuou devido à emigração para a Rússia após a independência da Estónia e ao aumento da suburbanização. Apesar da emigração e da suburbanização, Tallinn continua a albergar 74% das pessoas que vivem na área metropolitana, o que é semelhante à década de 1950, deixando 26% nos subúrbios. Após o colapso da União Soviética, Tallinn foi objeto de um processo de industrialização através da migração dos estados do interior da Rússia. Este processo criou as áreas metropolitanas de Talin com uma elevada concentração de imigrantes empregados na indústria, que viviam nas zonas urbanas. As cidades tornaram-se centros de emprego, mas a percentagem de pessoas que vivem em zonas urbanas permaneceu baixa.

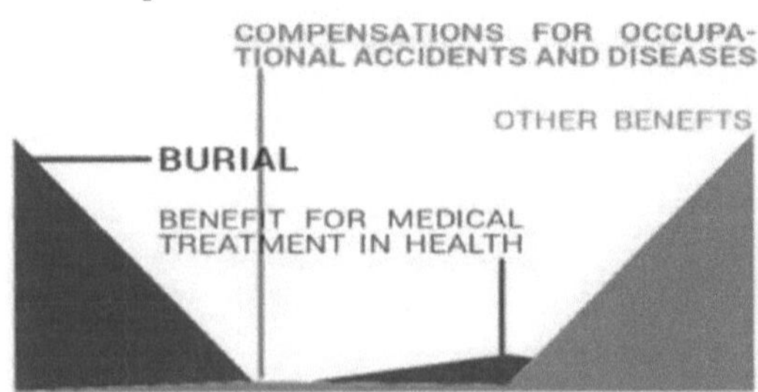

27. O número de prestações sociais em Tallinn 1996-2013
Autor: Nina Bloch

4.4.2. Velocidade da melhoria da educação

As reformas rápidas e radicais tiveram uma influência significativa no aumento dos rendimentos da educação.

Tallinn tem 19 universidades na cidade, nas principais áreas: ciências, negócios e direito (2012), o que faz prever o sucesso da economia. O rápido desenvolvimento das tecnologias e a resposta rápida das instituições de ensino de Tallinn colocam a cidade no topo das zonas mais desenvolvidas do mundo.

Este fenómeno está também relacionado com a competitividade. A mais recente tecnologia, que é uma inovação total no mundo, como a telemedicina, foi desenvolvida nas instituições de Tallinn. Em 2004, não havia problemas em encontrar emprego, mas atualmente, com base em inquéritos públicos, encontrar emprego é um aspeto da vida bastante "difícil".

4.4.4. Assistência social da cidade

Um dos êxitos sociais de Tallinn é a introdução de um sistema de assistência social claro e consequente. A partir de 2005, Tallinn regista um aumento estável e positivo da população, o que tem uma influência benéfica na economia e dá esperança de um maior desenvolvimento.

Há um elevado número de doenças profissionais, que são aqui referidas porque todas as doenças estão estritamente relacionadas com a profissão quotidiana das pessoas e com os acidentes que estas sofrem. Para além destas taxas pessimistas, Tallinn aprovou o Plano de Desenvolvimento da Saúde (2008-2015) que ajudou a manter o nível satisfatório do sistema de cuidados sociais.

28. Uma nova organização independente com a função de planear o programa
da Capital da Cultura.
Foto da World Wide Web: https://avenuepost.wordpress.com/2015/02/16/tallinn-culture-calls/tallinn-2011-logo/ [setembro de 2014]

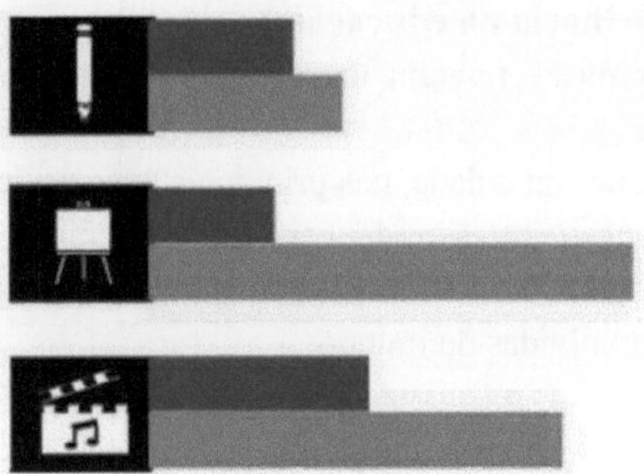

29. Passatempos culturais da população de Tallinn com idades entre os 15 e os 74 anos, cinzento:2004, laranja:2010

Autor: Nina Bloch

4.4.5. Crimes

A grande diminuição da taxa de criminalidade e o Programa Cidade Segura de 2012, baseado no enfoque na estrada e no trânsito, mantêm a diminuição contínua da criminalidade e as condições favoráveis para viver e constituir família.

Mais de 85% da população de Tallinn participa em eventos culturais. O número é simultaneamente chocante e impressionante. Analisando os dados e os indicadores relacionados com a cultura, verifica-se que as pessoas que vivem na cidade estão profundamente relacionadas com a cultura, com uma percentagem elevada de passatempos culturais constantes na sua rotina diária. O momento histórico foi a conquista do título de CAPITAL EUROPEIA DA CIDADE, que abriu a cidade ao mundo cultural. A cidade acolhe uma longa lista de eventos culturais que se repetem regularmente ou como eventos pontuais. Eventos singulares como - torneio final do Campeonato Europeu de Futebol Sub-19 (2012), International Baltic Chain Tour de ciclistas profissionais de estrada (19-25 de agosto de 2013), Simple Session 2014, o maior festival de skate e BMX da Europa (março de 2014); Sword of Tallinn, evento da Taça do Mundo de Epee (março de 2014), 27th SEB May Run (maio de 2014) - skate e BMX. E eventos recorrentes como: Mustonen FestBaroque? (janeiro), Tallinn Music Week (março-abril), Jazzkaar, festival internacional de jazz (abril, setembro e dezembro), Flower Festival (junho-agosto), Tallinn Sea Days (julho), Talinn Fashion Week (agosto), Design Night in Old Simpel session, skate e BMX, Jazzkaar, Campeonato Mundial de Dança Latino-Americana, Campeonato Europeu de Wind Surf, Flower Festival (setembro), Golden Mask Theatre Festival (novembro), Black Nights Film Festival (dezembro),

4.5. Kaliningrado

Os resultados relativos a Kaliningrado revelam um modelo social diferente.

Um dos problemas de Kaliningrado é o aumento da população e as questões relacionadas com a migração que lhe estão associadas. Uma vaga de migrantes atingiu a cidade na década de 1990, vindos da Comunidade de Estados Independentes (CEI), que já se debatia com o colapso da União Soviética e com a emergência de outros migrantes, que aproveitaram a oportunidade para se deslocarem para locais considerados favoráveis para o futuro. Devido à rapidez e à fraqueza institucional, até hoje, o conhecimento da integração, dos antecedentes, dos perfis ou dos estatutos dos migrantes continua a ser escasso em Kaliningrado. Em 1990-1999, não houve qualquer controlo dos fluxos migratórios no Oblast. É difícil especular sobre os números da migração, mas a verdade é que o sistema é, no mínimo, defeituoso. O problema foi abordado na mesa redonda de Flensburg em 2001.

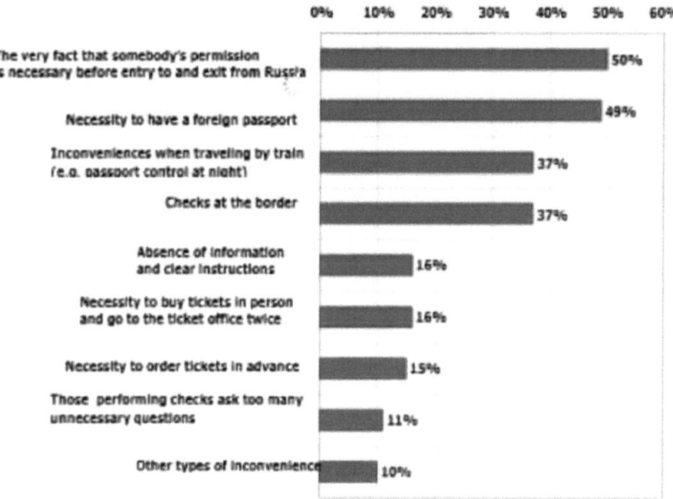

9. Incómodos mais populares em Kaliningrado, 2005
Fonte: Organização Internacional para as Migrações, (2005) Migration and transit as seen by Kalinin-grad population, Dados da World Wide Web:
http://www.iom.lt/documents/Kal_survey_eng.pdf [setembro de 2014]

Os inquéritos públicos realizados pela Organização Internacional para as Migrações mostram como Kaliningrado é um local fechado. Não só devido à formação da ilha de exclave de Kaliningrado Oblast, que limita a circulação no interior da Rússia, mas também devido a outros aspectos: ausência de necessidade de viajar, obstáculos burocráticos, problemas financeiros e ausência de passaporte estrangeiro. De todos estes aspectos, a ausência de necessidade de viajar é o mais interessante do ponto de vista social. Os números que ilustram este aspeto de forma clara mostram o nível de localismo profundamente enraizado. Pode especular-se se esta atitude resulta do facto de as fronteiras e os obstáculos serem considerados intransponíveis ou se é o motor da falta de vontade de os ultrapassar. De acordo com os resultados do inquérito, quase metade dos cidadãos da região de Kaliningrado sente-se isolada da Rússia e cerca de 5% do mundo. Outros resultados demonstram que mais de metade dos inquiridos não viajou para fora das fronteiras da região nos últimos dois anos e 25% dos jovens entre os 18 e os 24 anos nunca viajaram para outras regiões. Este facto contrasta fortemente com o grande grupo de habitantes que viajou antes de 1991. A ausência de necessidade de viajar e, por conseguinte, de estabelecer uma colaboração regional e suprarregional faz com que Kaliningrado trave uma batalha difícil.

Na sua localização insular, como parte da Federação Russa mas rodeada por outros países, Kaliningrado parece retirar poucos benefícios do papel de mediador que poderia desempenhar. Em parte, este facto pode ser imputado a outros aspectos, mas a aparente falta de interesse da sua população em ultrapassar as fronteiras também não melhora certamente a situação.

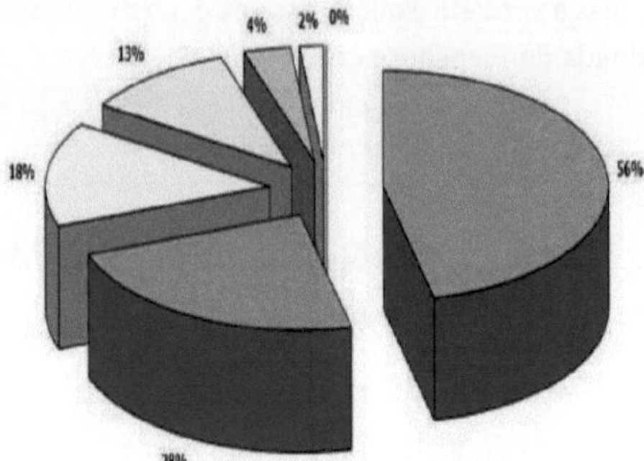

30. Mobilidade da população da região de Kalininegrado durante dois anos, 2005
Fonte: Organização Internacional para as Migrações, (2005) Migration and transit as seen by Kalinin-grad population, Dados da World Wide Web:
http://www.iom.lt/documents/Kal_survey_eng.pdf [setembro de 2014]

5.0. ESPAÇO URBANO
MONIKA D^BROWSKA

Para avaliar corretamente o espaço das cidades, era necessário conhecer o seu funcionamento a vários níveis. Há três aspectos fundamentais: a estrutura urbana, os espaços públicos e a regeneração, ilustrados no exemplo da orla marítima - um ativo crucial de qualquer cidade costeira.

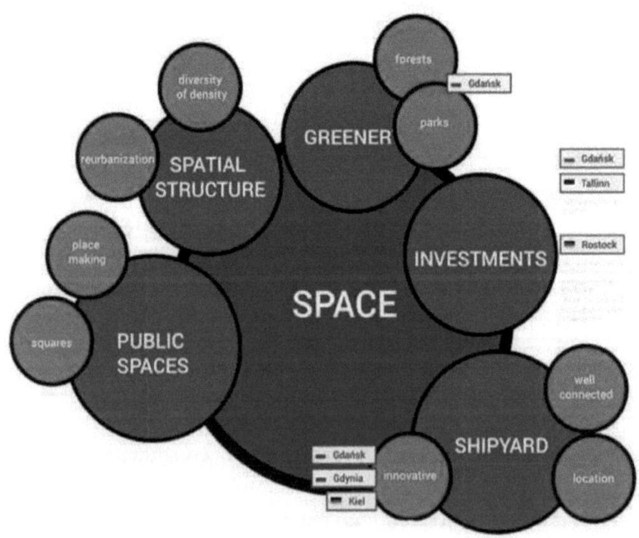

31. Ilustrações "Topic s".
Trabalho dos próprios autores

31.1. Estrutura urbana

Em primeiro lugar, analisei uma estrutura urbana e as direcções em que se desenvolve. Kiel e Lubeck são caracterizadas por uma estrutura bem organizada. Estas cidades aumentam a densidade de edifícios. Uma lei local define rigorosamente como, o quê e onde construir para tornar a cidade clara e diversificada. A governação local presta grande atenção à melhoria das condições de vida nos bairros mais pobres. Se seguirmos para Leste, para Szczecin, Gdynia, Gdansk e Tallin, verificamos que são compostas por partes extremamente diferentes: bairros pós-sociais com grandes edifícios em laje, edifícios em quarteirão e grande quantidade de casas individuais. Estas cidades estão muito desenvolvidas e cada uma delas tenta resolver o problema da suburbanização.

32. Grande edifício de lajes com pormenores fantásticos, Kaliningrado Autor: Monika D^browska

33.   Casa vazia no centro da cidade, Szczecin

Foto da World Wide Web: http://www.mmszczecin.pl/artykul/za-5-lat-zaniedbany-kwartal-nr-21-w-srodmiesciu-ma,2816596,artgal,t,id,tm.html [setembro de 2014]

31.2. Espaço público

O próximo aspeto importante foi o funcionamento e a qualidade dos espaços públicos. Depende do empenhamento dos governos locais e dos cidadãos. As cidades que investem na conceção, criação e manutenção melhoram as condições de vida e tornam os cidadãos mais felizes. Além disso, as pessoas envolvidas na criação de espaços assumem a responsabilidade por esses espaços.

31.3. Frente ao mar

No final, analisei soluções muito importantes para as cidades do Báltico em termos de orla marítima (um porto, uma marina, um estaleiro, praias, caminhos, etc.). Há cidades como Kiel, que investem num porto e em marinas. Outras estão concentradas no desenvolvimento de espaços recreativos na costa.

O desenvolvimento sustentável de todos os componentes da infraestrutura da orla marítima estimula o progresso de uma região.

O estudo espacial das cidades mostra os diferentes problemas que algumas delas têm e as soluções que foram utilizadas noutras. Também apresenta boas formas de desenvolvimento.

1. Kaliningrado - a cidade menos desenvolvida, tem uma série de praças, ruas e parques negligenciados. Áreas entre edifícios

estão vazias e pouco atractivas. A maior parte das pessoas vive em grandes edifícios de lajes. Falta um centro visível. Há algo de especial nos pormenores da arquitetura. A cidade planeia desenvolver o porto.

2. Szczecin - está dividida em cidade da margem esquerda, com o centro, e cidade da margem direita, com os subúrbios. Estão divididas não só pelo rio, mas também por grandes áreas sem nada (armazéns vazios, jardins de loteamento). Como as pessoas se afastam do centro para os subúrbios ou para fora da cidade, há muitas casas vazias no centro.

3. Tallinn - a cidade desenvolve-se de forma instável. Tem um centro histórico bem conservado e um porto. As pessoas vivem em quarteirões nos bairros pós-socialistas ou nos subúrbios".

4. Rostock - o centro da cidade foi restaurado depois de ter sido destruído nos anos 80 e atualmente está bem conservado. Os distritos pós-socialistas têm problemas com as devastações regulares.

5. Gdynia - um exemplo de uma cidade jovem. Promove a inovação em muitos aspectos, também na conceção e criação de áreas na cidade. O acesso ao centro da cidade é limitado para os automóveis, pelo que é mais amigável para os peões. As obras de jovens artistas são visíveis na cidade.

6. Gdansk - é uma cidade em rápido desenvolvimento. Apesar do processo de suburbanização duradouro, a Câmara Municipal iniciou a reconstrução das áreas localizadas perto do centro da cidade, um processo de reurbanização. O envolvimento dos cidadãos no placemaking tem crescido de ano para ano e é visível em vários locais. Além disso, tem uma zona ribeirinha muito bem concebida, com praias longas e limpas, novos caminhos e estradas para bicicletas, parques recreativos e serviços.

7. Lubeck - uma cidade que tem um desenvolvimento estável. Tem uma cidade antiga que foi restaurada após a Segunda Guerra Mundial. A vista sobre a cidade histórica é planeada a partir de quase todas as partes da cidade. A cidade está bem conservada e tem uma arquitetura harmonizada.

8. Kiel - tem o porto mais desenvolvido e todas as infra-estruturas marítimas. O centro histórico não foi restaurado após a Segunda Guerra Mundial. A cidade é mantida na ordem alemã, é limpa e clara.

34. Espreguiçadeiras, cadeiras e relvados na praça onde normalmente há um parque de estacionamento, Targ Drzewny, Gdansk
Foto da World Wide Web: https://sustainablecitiescollective.com/futurecapetown/229326/place- making-city-gda-sk-poland [setembro de 2014]

35. Centro histórico de Lubeck.
Foto da World Wide Web: http://www.world-guides.com/europe/germany/schleswig-holstein/lubeck/lubeck real estate.html [setembro de 2014]

6.0. TRANSPORTES E MOBILIDADE
ANNA RUBCZAK

A transição das cidades pós-socialistas conduziu a muitas mudanças nos últimos 25 anos. Mesmo que o ambiente construído de uma cidade seja muito mais duradouro do que as suas estruturas sociais[22] . O estilo de vida das pessoas mudou, o modo de deslocação foi cada vez mais afetado pelo planeamento urbano moderno. Por outro lado, os problemas de desenvolvimento destas grandes cidades causam problemas diferentes dos anteriores. As transformações mais visíveis estão relacionadas com a transformação da mobilidade dos cidadãos.

Três aspectos-chave (problemas) a focar neste tema:

---

[22] K. Stanilov, The Post-Socialist City:Urban Form and Space Transformations in Central and Eastern Europe after Socialism ©2007 Springer

1. soluções sustentáveis (ecológicas) para um sistema de transportes públicos que não respeita o ambiente;

2. sistemas inteligentes nos transportes públicos;

3. maximização, alargar todos os modos de transporte complementares entre si (comodidade).

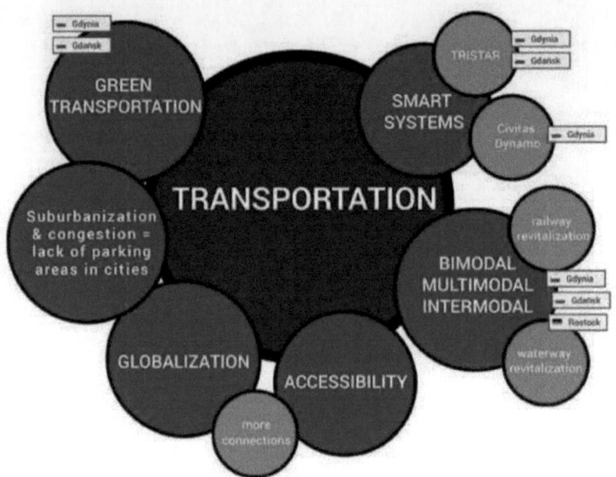

36. Ilustrações dos temas.
Trabalhos dos autores

35.1. Transportes públicos sustentáveis

Os problemas de transporte estão a aumentar, os preços da gasolina, as emissões de CO_2 estão a forçar os governos urbanos a considerar melhores iniciativas de transporte público[23] . As cidades estão a estabelecer parcerias com grupos de organizações cívicas e com o sector privado para promover tecnologias limpas, integrar o planeamento e as operações de trânsito nos seus planos de desenvolvimento e crescer através da construção de comunidades orientadas para o trânsito. Na região da Cidade do Báltico do Sul, estas soluções começaram a ser populares há 25 anos. Especialmente nas cidades polacas de Gdynia e Gdansk (Tricity Metropolis), onde o principal corredor de transportes é muito específico devido ao seu padrão linear.

As duas últimas décadas de desenvolvimento muito rápido estão associadas à suburbanização e a problemas de grande congestionamento. Este desenvolvimento insustentável é a razão para encontrar soluções para os problemas existentes, a fim de aumentar a eficácia e a eficiência dos sistemas de transporte. Em Gdynia e Gdansk, estão ainda a ser implementadas soluções ecológicas: tróleis eléctricos em Gdynia, novas ciclovias em toda a Tricity, sistema TRISTAR, construção do PKM (Pomeranian Metropolitan Railway)[24] . As melhores práticas na região do Báltico são as de cidades alemãs como Kiel ou Rostock. Kiel é a cidade líder em soluções cicláveis, onde a percentagem de ciclistas em 2008 era de 21%, após 25 anos de promoção do uso da bicicleta. A pior situação em termos de soluções sustentáveis é a de

---

[23] http://www.altemative-energy-news.info/sustainable-public-transport-systems/ [setembro de 2014]
[24] http://www.pktgdynia.pl/index.php/civitas-dynmo/ [setembro de 2014]

Kaliningrado. As autoridades da cidade de Kaliningrado estão cada vez mais preocupadas com o aumento do tráfego automóvel na cidade[25] . Foi criada uma estratégia de desenvolvimento da rede de transportes no âmbito do plano geral de desenvolvimento da cidade. A estratégia visa a otimização do fluxo de tráfego e a redução das emissões atmosféricas poluentes relacionadas com o tráfego. Entre as principais opções consideradas contam-se:

a) a definição de zonas de acesso limitado (por exemplo, apenas para peões, bicicletas e veículos autorizados),

b) restrições nas estradas (faixas de rodagem para autocarros) e incentivos à retirada dos veículos muito antigos.

O objetivo do projeto era desenvolver uma ferramenta de modelização a utilizar pelo beneficiário ECAT-Kaliningrad, para estudar os padrões de poluição atmosférica relacionados com o tráfego rodoviário[26] .

35.2. Sistemas inteligentes

Os sistemas inteligentes estão a funcionar para tornar os transportes públicos mais fiáveis. Este tipo de sistemas de transporte inteligentes está ligado ao desenvolvimento sustentável. A ideia principal é associar tecnologias inovadoras e alterar o comportamento dos cidadãos, a fim de evitar as emissões de CO2. O projeto TRISTAR teve início na Tricity em 2002. Um projeto-piloto realizado em 2007 em Gdynia foi muito bem sucedido[27] . O sistema gere o tráfego e os transportes públicos. Os benefícios para Tricity após a primeira fase de implementação são os seguintes

a) 13% aumentam a eficiência (em termos de capacidade);

b) 32 % de aumento da velocidade de condução;

c) redução dos atrasos nos cruzamentos até 40%;

d) redução do consumo de combustível em 19%;

e) redução dos custos de tráfego em 19%.

A implementação do sistema de gestão do tráfego pode reduzir os custos de tráfego em 217 milhões de PLN (60-65 milhões de EUR) e deverá ser reembolsada no prazo de cerca de um ano[28] . Sistemas inteligentes como o TRISTAR, como parte do processo de crescimento inteligente[29] , pretendem ser uma inovação no planeamento regional e na gestão das cidades.

35.3. Co-modalidade nos transportes

Após o fim da Guerra Fria, o transporte marítimo e o comércio foram retomados em grande escala no Báltico; o transporte de passageiros e de mercadorias é agora a principal atividade

---

[25] http://ec.europa.eu/ environment/ life/ project/Projects/ index. cfin?fuseaction= search.dspPage& n_proj_id=3176 [setembro de 2014]

[26] http://ec.europa.eu/ environment/ life/ project/ Projects/ index.cfin? fuseaction= search.dspPage& n_proj_id= 3176 & docType=pdf [setembro de 2014]

[27] http://www.zmp.poznan.pl/uploads/pub/news/news_648/text/zal_2_J.Oskarbski_Tristar.pdf [setembro de 2014]

[28] http://przeglad-its.pl/wp-content/uploads/archiwum-pdf/PrzegladITS-06-2008.pdf

[29] Crescimento inteligente - planeamento urbano e teoria dos transportes, sustentabilidade nos aspectos regionais

económica[30] . Metade do comércio interbáltico é efectuado por via marítima, com o transporte de petróleo, matérias-primas (madeira, minérios e cereais) e contentores. Em 2006, o valor deste comércio foi de 438 milhões de euros (Eurostat). O tráfego marítimo externo passa pelos estreitos dinamarqueses e pelo canal de Kiel, a via navegável mais movimentada do mundo em termos de tráfego de navios porta-contentores de pequeno e médio porte. Os planos da Comissão Europeia incluem também o desenvolvimento do transporte intermodal, ou seja, o transporte de mercadorias numa mesma unidade de carga utilizando sucessivamente pelo menos dois modos de transporte. Os trabalhos relativos a uma rede logística intermodal deverão estar concluídos em 2020. A criação de uma infraestrutura de transporte intermodal não é suficiente. O que também é necessário, especialmente na Polónia, é um certo tipo de cultura de transportes. Temos de nos habituar ao facto de determinadas mercadorias serem transportadas por vários meios: ferroviário, aéreo, fluvial e rodoviário. Atualmente, não existem na Polónia portos interiores que funcionem de forma eficiente. Os ecologistas defendem a manutenção desta situação, por exemplo, em Varsóvia, o que, na realidade, significa bloquear a reintrodução da navegação fluvial na capital. As análises actuais do Gabinete de Transportes Ferroviários (UTK) indicam que o mercado do transporte ferroviário intermodal na Polónia está a desenvolver-se de forma dinâmica. Em 2013, foram transportados cerca de 689 000 contentores, o que corresponde a um aumento de 6,5% em relação ao valor registado em 2012 e de 30,6% em relação a 2011. Gdansk e Gdynia, duas cidades portuárias, utilizam o transporte bimodal - baseado em dois meios de transporte: rodoviário e ferroviário, sem transbordo envolvido no transporte[31] . O Ministério das Infra-estruturas considera que este tipo de transporte pode ser significativo para o desenvolvimento do comércio internacional na Polónia[32] .

37. PKM como projeto de sucesso de transporte público em Tri-City (estação JASIEN antes da abertura)
Fonte: Foto do próprio autor

[30] http://www.edumaritime.com/intemational/europe
[31] http://www.polish-railways.com/prospects/intermodal/
[32] Ministerstwo Infrastruktury i Rozwoju, Dokument hnplentacyjny do strategiii rozwoju transportu do 2020 r. (z perspektyw^ do 2030 r.) Warszawa, 2013

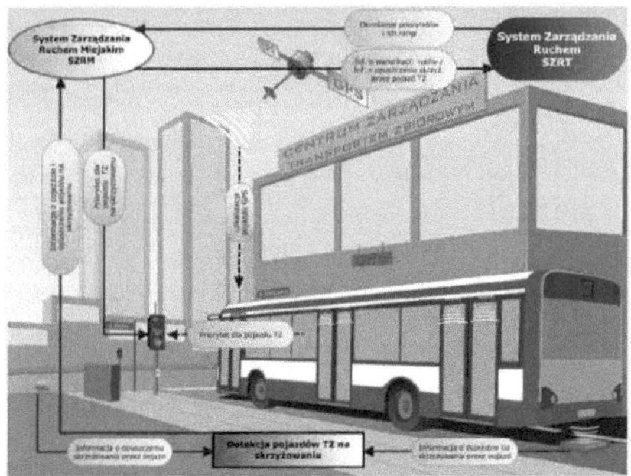

38. TRISTAR parte 1. Esquema de prioridade funcional para os transportes públicos.
Fonte: Koncepcja zintegrowanego systemu zarządzania ruchem na obszarze Gdahska, Gdyni i Sopotu TRISTAR, Cz, II Koncepcja szczegolowa wybranych podsystemow, Gdansk, wrzesien 2007

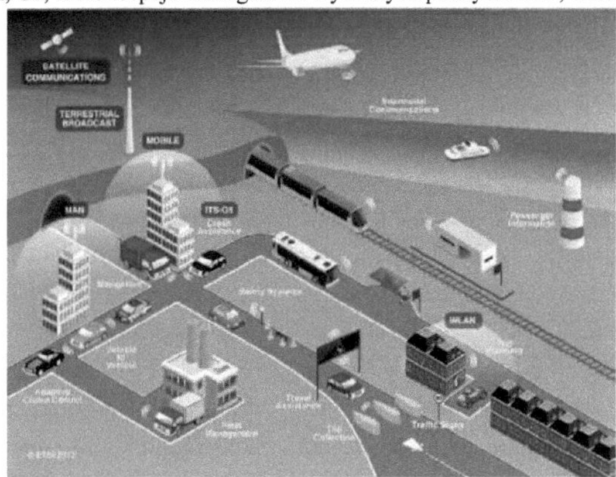

39. Sistema de Transporte Inteligente
Fonte: http://www.etsi.org/images/files/membership/ETSI_ITS_09_2012.jpg, (10.2014)

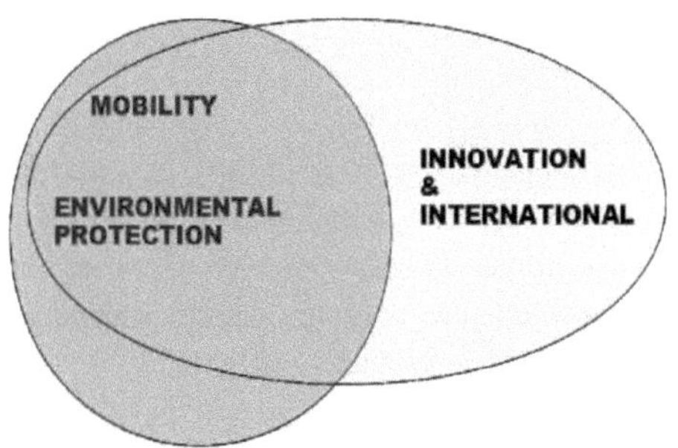

40. Base do transporte ideal na região do Báltico.
Fonte: Visão dos próprios autores.

FONTES ADICIONAIS:

http ://www.pkm-sa.pl/glowna/ o-proj ekcie/mapy/

http://ec.europa.eu/index_en.htm

Salachov W, Samits A,Ukryte "Serce miasta" Kaliningradu, Wydawnictwo Politechniki Krakowskiej, 2008 Czasopoismo techniczne, dost^p Biblioteka Cyfrowa Politechniki Krakowskiej

Obwod kalinigradzki i wojewodztwo warminsko mazurskie w liczbach 2012 , http://olsztyn.stat.gov.pl 10.2014

Organização Internacional para as Migrações Gabinete de Vilnius, Migration and transit as seen by Kaliningrad population. Inquérito representativo da população de Kaliningrado, Vilnius 2005

7.0. MARCA
SYLWIA ROZANSKA

Depois de analisar e comparar os materiais das cidades estudadas, é possível fazer uma divisão específica:

1. Gdansk e Tallinn - cidades em que a marca se baseia em aspectos históricos, o que está pouco relacionado com a arquitetura e o património cultural. Ambas as cidades têm um padrão de cores claro, um módulo de motor de busca e um calendário de eventos nos sítios Web, o que facilita a procura rápida de informações. Todos os conteúdos dos sítios Web são constantemente actualizados. Em todas as brochuras, mesmo as dirigidas ao público-alvo empresarial, é sublinhado o rico património histórico. Trata-se de uma espécie de tópico básico que está na origem de todos os diferentes elementos de marketing territorial. Por outro lado, Gdansk tem outro grande símbolo - a Solidariedade - que torna a cidade mais atractiva.

2. Em Rostock, Lubeck e Kiel, encontramos um estilo específico de marca, a que podemos chamar "rigor alemão". Os sítios Web são concebidos de forma muito clara e bem organizados. É fácil aceder a informações básicas: calendários de eventos, cartões turísticos e outras ofertas. Mas é difícil encontrar qualquer informação sobre a ideia de marca e a direção de marketing. Podemos apenas constatar que Lubeck e Rostock continuam a tentar criar uma imagem de cidades hanseáticas. Além disso, Lubeck preocupa-se com o branding interno e tem o slogan The feeling good capital. Por outro lado, é visível que a gestão de marketing em Kiel cria uma imagem da cidade como a capital da vela na Europa (Kiel - Sailing city), que está aberta a toda a gente.

3. Szczecin - uma marca inovadora. Em 2008, esta cidade começou a promover uma das marcas mais inovadoras e criativas da região do Báltico. O ponto principal é construir um mínimo de 3 pérolas arquitectónicas famosas na Europa e no mundo, mas o mais fundamental é a estratégia, que inclui com precisão: aspectos sociais, económicos, de comunicação e espaciais. Até o nome, Jardim Flutuante, com um logótipo escrito foneticamente, parece ser um sinal de como este projeto de marketing não é vulgar.

4. Gdynia - uma marca muito diversificada. Até 2007, o marketing da cidade de Gdynia tinha uma direção principal: negócios e economia. Depois disso, o perfil da marca começou a tornar-se mais diversificado. Atualmente, Gdynia cria a sua imagem como: cidade modema de design aberta a culturas e inovações. Existe uma vasta gama de eventos regulares ou especiais. A cidade tem um logótipo bem conhecido, mas especialmente para os habitantes.

Uma melhor comunicação visual parece ser a última coisa que falta para melhorar a marca da cidade e expandi-la para o exterior.

5. Kaliningrado - branding em fase inicial de desenvolvimento. Kaliningrado não tem uma marca desenvolvida. É muito difícil encontrar qualquer informação exacta sobre o marketing local. O sítio Web inclui as informações mais importantes para os turistas, mas não existem elementos típicos da marca da cidade, como um logótipo visível, cores típicas, etc. As informações sobre as marcas foram recolhidas pelo serviço de turismo de Kaliningrado.

41. Ilustrações dos temas.
Trabalhos dos próprios autores

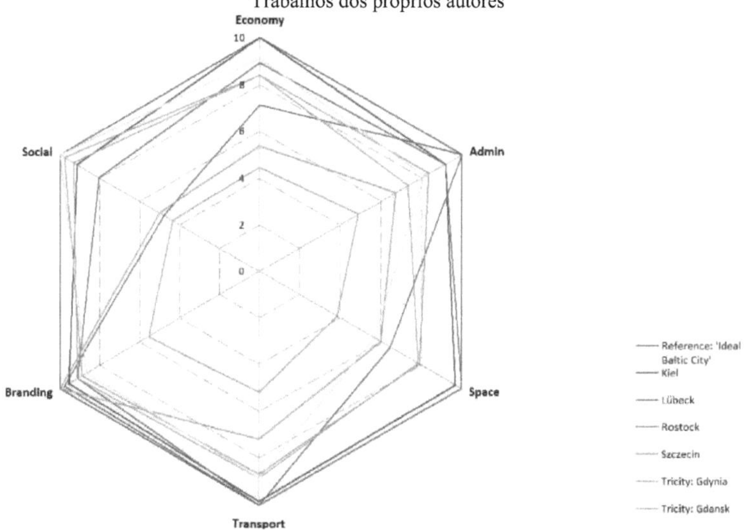

42. Comparação de casos.
Trabalho dos próprios autores

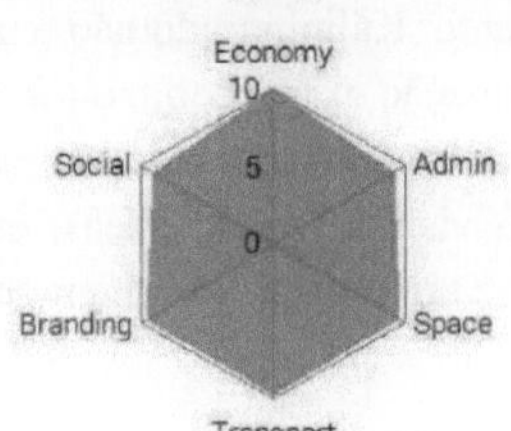

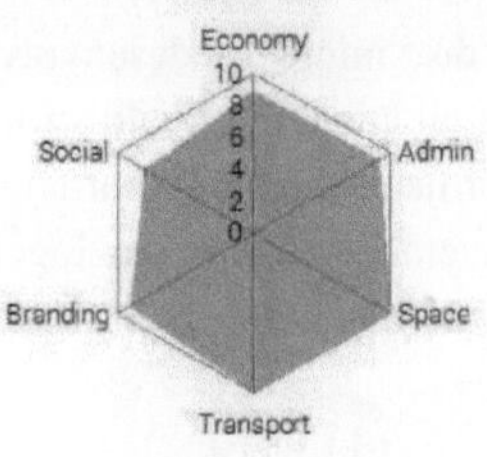

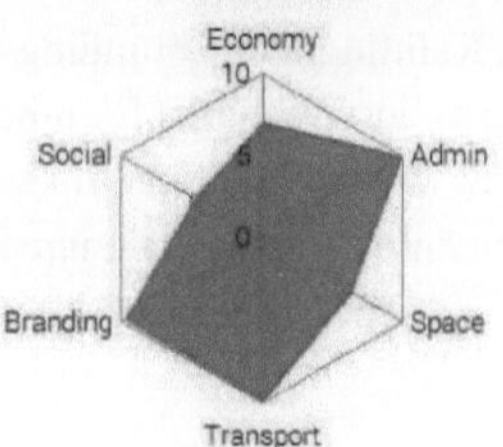

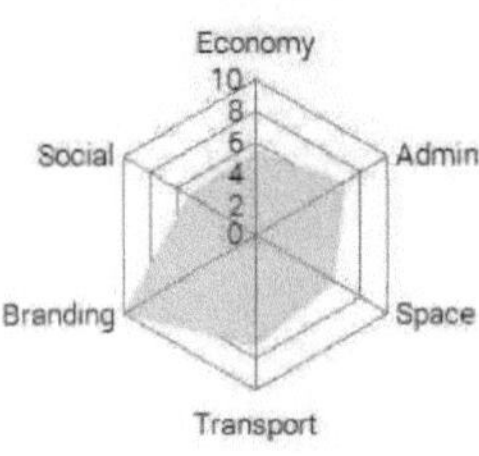

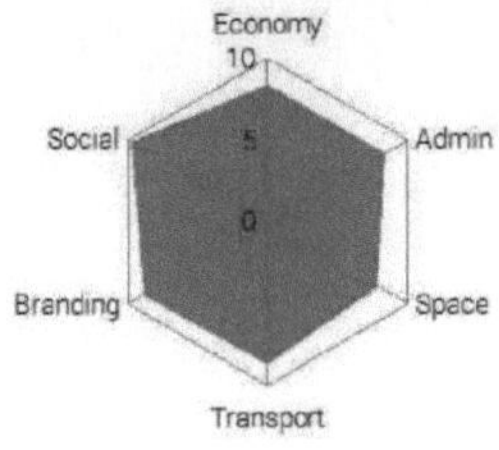

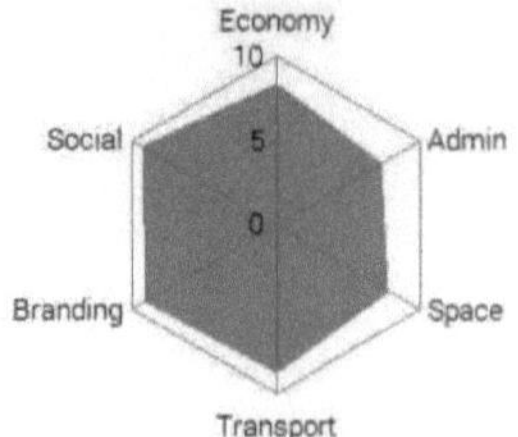

49. Cases comparison:
REFERENCE: IDEAL
BALTIC CITY

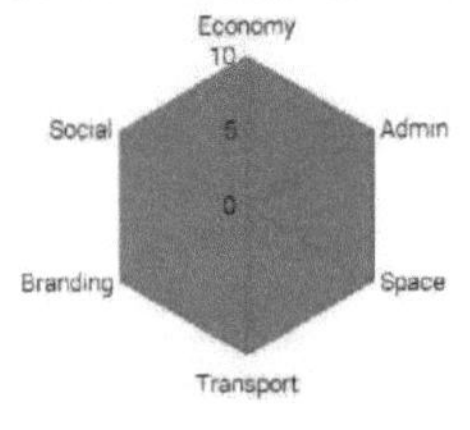

50. Cases comparison:
KALININGRAD

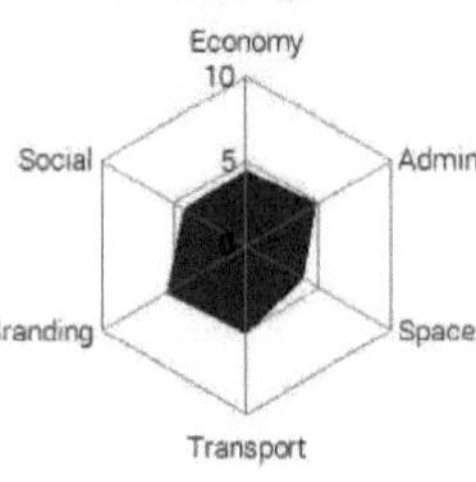

51. Cases comparison:
KALININGRAD

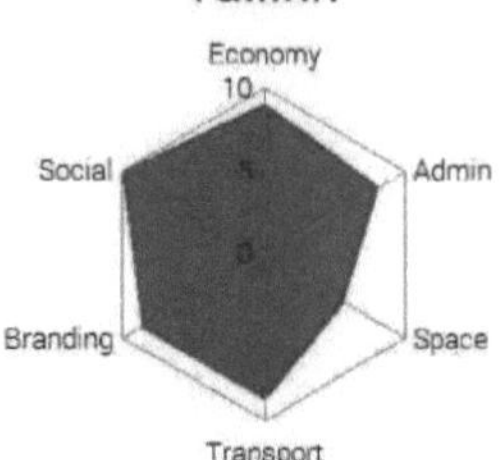

CAPÍTULO 2

INFRA-ESTRUTURAS INTELIGENTES: CASO DE GDYNIA: CIDADE À BEIRA-MAR

MENTOR:
ALEXANDER BOAKYE MARFUL ASSISTENTE DO MENTOR
IGOR SZOSTAKOWSKI
AUTORES:
ALICJA B ARANO WSKA MARIA DEMBSKA
JOANNA JACZEWSKA AGNIESZKA
KOZIELSKA KRZYSZTOF STEF ANIAK
IGOR SZOSTAKOWSKI

Introdução

O objetivo deste trabalho era investigar e analisar o estado da infraestrutura inteligente numa cidade à beira-mar escolhida e encontrar possibilidades de otimização ou novas soluções. Foi escolhido o estudo de caso de Gdynia - uma cidade jovem com uma história marítima. Os direitos de cidade foram concedidos a Gdynia em 1926 e o seu centro foi construído no estilo modernista, então vanguardista. Em meados da década de 1930, Gdynia tinha o porto mais moderno e um dos maiores da costa do Mar Báltico. Hoje em dia, embora o porto da cidade tenha ultrapassado o seu auge, Gdynia está a olhar corajosamente para o futuro das soluções tecnológicas e do empreendedorismo, pelo que o tema desta investigação é coerente com a estratégia de desenvolvimento da cidade.

Metodologia

A primeira parte da análise consiste em definir os antecedentes teóricos, especificando o âmbito de interesse do documento que se segue. O passo seguinte será analisar as condições para o desenvolvimento de infra-estruturas inteligentes a três níveis - desde a União Europeia, passando pelas políticas e programas nacionais polacos, até ao nível local. O objetivo é reunir conhecimentos gerais sobre as tendências relativas às infra-estruturas inteligentes e ao seu potencial de desenvolvimento. Depois de avaliar as tendências actuais nesta área, o próximo passo será a investigação sobre o estado da comunidade em Gdynia. Será recolhida e analisada informação em 6 áreas temáticas, relativamente a possíveis oportunidades e ameaças.

O objetivo desta fase é identificar áreas que possam ser melhoradas, a fim de desenvolver um conjunto de propostas para melhorias inteligentes das infra-estruturas em Gdynia, com base nas análises anteriores.

TEÓRICA

O objetivo da primeira fase é estabelecer uma base teórica para a investigação futura e clarificar o significado dos termos utilizados. Através da consulta da literatura, incluindo dicionários e artigos, serão respondidas as seguintes questões:

- o que é uma FRENTE DE ÁGUA?

- o que é a INFRA-ESTRUTURA?
- o que significa SMART?

1.1. Cidades à beira-mar
1.2. O que são cidades ribeirinhas?

"A orla marítima não é apenas uma coisa em si. Está ligada a tudo o resto. "

-Jane Jacobs

O interesse generalizado pelos espaços das cidades portuárias resulta do facto de as frentes de água terem sido, desde sempre, locais naturais para a fixação de pessoas. Atualmente, cerca de metade da população mundial vive junto à água. Os assentamentos humanos - frequentemente construídos nas margens naturais de mares, rios e lagos - não só beneficiaram da vizinhança, como também influenciaram a sua forma (Lorens, 2009b)

Embora o termo orla marítima possa ser entendido de forma bastante intuitiva, é difícil encontrar uma definição exacta. O Oxford English Dictionary define a palavra de forma simples: "uma parte de uma cidade que confina com o mar, um lago ou um rio". Os investigadores centram-se em diferentes aspectos do termo, consoante o considerem apenas a margem de qualquer corpo de água possível (por exemplo, lago, baía, mar, oceano, rio, canal, riacho, natural ou artificial) ou optam por uma abordagem mais holística, como a proposta por (Bruttomesso, 2001). Este autor descreve a frente de água urbana como um tipo de limite da zona urbana que faz parte da cidade e está em contacto com a água. De acordo com (Moretti, 2008), esta área corresponde normalmente à área ocupada por infra-estruturas portuárias e actividades portuárias. Tendo em conta as muitas tentativas de definição de frente urbana, Andini (Andini, 2009) propõe que este termo pode ser utilizado tanto para descrever a cidade como um todo - cidades à beira-mar - ou um tipo de paisagem nas cidades - espaços à beira-mar.

1.3. Como se formam as cidades ribeirinhas?

Atualmente, as frentes de água urbanas não representam apenas uma estrutura específica da cidade (tal como as estradas, as zonas industriais, etc.), mas o termo implica também uma categoria particular de cidade, na qual a presença e a importância da frente de água se tornaram tão evidentes que esta parte isolada é utilizada para designar todo o corpo urbano. São as chamadas "cidades da orla", tal como existem termos como "cidades universitárias" ou "cidades industriais".

No caso das cidades costeiras, a sua localização esteve sempre ligada às aspirações de utilização económica do mar, como é o caso das aldeias piscatórias. A relação das populações com a orla marítima era muito forte, pois esta servia as suas necessidades primárias. Com o desenvolvimento do comércio, incluindo o marítimo, estas cidades assumiram papéis mais avançados: como portos para navios comerciais e estaleiros navais. Com o tempo, muitas aldeias ribeirinhas tornaram-se populares estâncias de férias e de veraneio, atraindo os residentes das cidades do interior pelo seu clima e paisagens atractivas.

1. Orla marítima de Estocolmo.
Fonte: www.siwi.org/wp-content/uploads/2012/1 1/SIWIslider1.jpg

O processo descrito aplica-se à maioria das cidades portuárias do mundo. No caso dos centros europeus, o início do seu desenvolvimento remonta ao período da Antiguidade e ao início da Idade Média. Muito mais jovens são as cidades portuárias do Novo Mundo - as suas origens remontam ao século XVII (Lorens, 2009b). No entanto, o processo de evolução - embora tenha ocorrido muito mais rapidamente - não diferiu dos modelos europeus anteriores. As cidades ribeirinhas em desenvolvimento - juntamente com o desenvolvimento do comércio internacional, as conquistas coloniais e a revolução industrial - tornaram-se, ao longo do tempo, elementos cada vez mais importantes da economia global. Durante o seu apogeu - no início da Revolução Industrial - desempenharam um papel que ia muito além das questões económicas. Eram locais de intercâmbio cultural, simbolizavam as relações entre áreas de história e experiências culturais diferentes e, finalmente, integravam a região com o resto do mundo. É por isso que as cidades ribeirinhas têm sido vistas como centros de desenvolvimento modernos e dinâmicos (Lorens, 2009b).

Durante a década de 1950, a evolução dos navios e da navegação levou à transformação das zonas portuárias. O aumento do tamanho dos navios exigiu que as zonas portuárias desenvolvessem instalações que nem sempre podiam ser construídas dentro das infra-estruturas existentes. As cidades em que o porto não poderia ter sido adaptado, foram perdendo o seu significado (Clemente, 2013). As frentes de água, entendidas como as zonas que albergam as infra-estruturas portuárias, tornaram-se zonas inacessíveis e inseguras. Deixaram de desempenhar um papel vital na vida das populações. Ao longo das últimas décadas, têm sido introduzidos cada vez mais projectos de requalificação das frentes de água. As infra-estruturas inteligentes podem ser um dos impulsos que ajudam as cidades a desenvolverem-se mais.

1.3. Tipologia das cidades ribeirinhas

Existem muitas abordagens diferentes para a tipologia das cidades ribeirinhas. A primeira é proposta por (Lorens, 2009a) e baseia-se na génese da frente de água urbana (Figura 1):

• Frente de água A - construída na Antiguidade e (ainda mais frequentemente) no início da Idade Média, por exemplo, em Génova. As principais caraterísticas deste tipo de frentes de água são: uma pequena área, diretamente ligada ao centro histórico da cidade, um pequeno número de edifícios de grande volume, como armazéns ou antigos equipamentos de manuseamento. Devido à sua localização, estas áreas são muito atractivas para o desenvolvimento de marinas e funções comerciais - hotéis, serviços, funções comerciais ou recreativas (por exemplo, Génova, Estocolmo);

• Orla B - as suas origens remontam ao século XIX (e início do século XX). As suas principais caraterísticas são: uma grande área com uma fraca

associação com o centro histórico da cidade, uma estrutura heterogénea da zona (penetração de zonas portuárias e industriais, também estaleiros navais), uma quantidade relativamente grande de resíduos das antigas estruturas e objectos, incluindo equipamento técnico, armazenamento, etc. Devido a estas caraterísticas, estas áreas são atractivas para o desenvolvimento de funções residenciais, comerciais (mas raramente criadoras de centros), industriais ou recreativas (por exemplo, Gdynia).

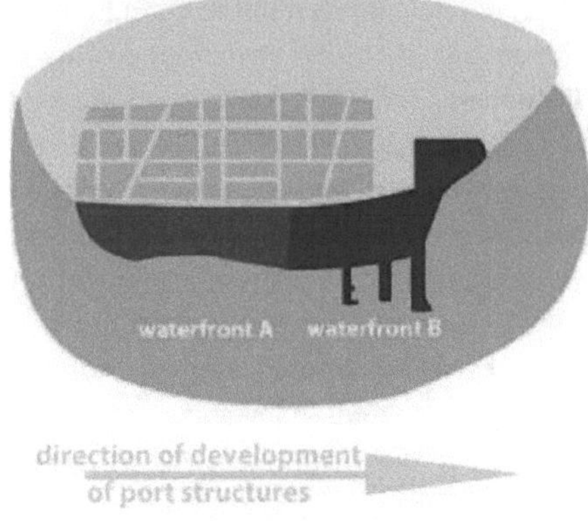

2. Tipos de margens.
Fonte: Lorens (2009)

A segunda tipologia baseia-se na localização das cidades em relação à linha de costa
e
é proposta por Zaremba (1962):

• Complexo portuário-municipal formado pelo mar e que cresce ao longo da costa - neste caso, a zona ribeirinha está diretamente relacionada com a orla marítima. Exemplos disso são as cidades de Génova ou Barcelona;

• complexo portuário-municipal formado pelo mar mas que cresce para o interior - neste caso, a zona ribeirinha pode estar associada tanto à costa marítima natural como a canais portuários naturais ou artificiais situados no interior. Gdynia é um exemplo clássico deste tipo de cidade.

• complexo portuário-municipal formado em terra, a alguma distância da costa natural, associado a esta por um sistema fluvial ou de canais - a zona ribeirinha está ligada a cursos de água criados natural ou artificialmente sob a forma de canais e rios. Roterdão, Londres e Gdansk são os melhores exemplos.

• Complexo portuário-municipal formado numa península ou numa ilha - a orla marítima está associada a uma costa rica e constitui o primeiro plano para as estruturas urbanas do lado da água e rodeia-a de várias direcções. Exemplos clássicos de cidades deste tipo são Nova Iorque e São Francisco.

3. Frentes de água em Barcelona, Gdynia, Roterdão e Nova Iorque.
Fonte: www.google.pl/imghp

A terceira tipologia baseia-se na forma da frente de água e é proposta por Lorens (2009a): - tipo shore - caraterístico das frentes de água A. Estão relacionadas com as margens naturais do mar ou do rio, que também são utilizadas como boulevards, por exemplo, Génova;

- tipo de cais - típico dos portos norte-americanos e de algumas cidades europeias, caraterístico principalmente das frentes de água B. Relacionado com estruturas criadas de cais e docas, geralmente na configuração de pente, por exemplo, Gdynia;

- tipo de doca - caraterística das frentes de água B, especialmente das cidades da Europa Ocidental. Relacionadas com sistemas de docas fechadas formadas que proporcionam condições de água estáveis e protegem o porto contra as tempestades e as marés, por exemplo, Liverpool.

4. Portos de Génova, Gdynia e Liverpool.
Fonte: www.google.pl/imghp

A divisão das cidades portuárias de acordo com as origens da cidade pode também complementar as tipologias acima referidas. A grande maioria das cidades europeias, e também uma parte significativa das americanas, desenvolveu-se a partir de pequenas aldeias piscatórias, devido a processos naturais de crescimento urbano. O segundo tipo de cidades são aquelas que foram planeadas numa área aberta e imediatamente adaptadas à forma desenvolvida. Não existem muitos exemplos que ilustrem este processo. Um dos poucos exemplos é Gdynia (desenvolvida no período entre guerras) e São Petersburgo (fundada em 1703). No caso de cidades relativamente jovens, onde não existe nenhum exemplo de zona ribeirinha A, é frequente haver um bairro representativo da zona ribeirinha planeado intencionalmente. Um exemplo clássico deste tipo de investimento é o Cais Sul em Gdynia.

1.4. Oportunidades e ameaças

Devido às suas caraterísticas, as cidades ribeirinhas têm muitas oportunidades de crescimento e prosperidade e podem enfrentar várias ameaças.

Durante séculos, as cidades foram localizadas junto à água para facilitar o transporte de mercadorias. Também hoje em dia, as cidades que conseguem acompanhar a evolução da economia podem beneficiar do transporte marítimo e das indústrias a ele ligadas, como os estaleiros navais. Para além dos bens materiais, as cidades à beira-mar sempre foram um local de contacto entre diferentes culturas. Hoje, embora o mundo pareça muito mais pequeno e acessível, a tradição de abertura e diversidade cultural mantém-se. Está também relacionada com outra vantagem das cidades ribeirinhas - a atratividade turística. Graças à sua identidade histórica e às suas frentes de água bem planeadas e respeitadoras do ser humano, muitas delas são destinos de férias populares.

Apesar das vantagens acima referidas, a proximidade da água também pode representar um perigo. As cidades ribeirinhas estão frequentemente sujeitas a catástrofes naturais, que vão desde os tsunamis e ciclones nas regiões tropicais até às inundações costeiras e à erosão das praias. As indústrias marítimas são muito susceptíveis às tendências económicas, o que leva muitas vezes a que a parte industrial da cidade caia em desuso. Os terrenos industriais abandonados são um grande problema nas cidades à beira-mar, uma vez que o seu desenvolvimento espacial é naturalmente limitado pela água. Outra questão importante é a qualidade da água - é vital que a cidade não negligencie as medidas de prevenção da poluição com resíduos industriais, agrícolas e municipais.

1.4.1 Regeneração da orla marítima

Atualmente, muitas cidades ribeirinhas enfrentam o problema da degeneração dos seus distritos industriais. Por conseguinte, a regeneração da orla marítima tem sido um tema de investigação muito importante nas últimas décadas. Uma vez que se trata de um processo complicado e relevante para muitas cidades, é importante que consideremos também as oportunidades e ameaças que lhe estão associadas.

Os resultados positivos da reabilitação da orla marítima são tanto económicos como sociais. Uma vez que parte do processo consiste em recriar a imagem da cidade, a sua atratividade para os turistas aumenta, o que pode levar à criação de novos postos de trabalho. Podem também ser criados novos postos de trabalho se os antigos bairros industriais forem transformados em zonas comerciais. Através da reutilização (ou utilização contínua) de edifícios industriais históricos, estes podem ser bem preservados para as próximas gerações. A regeneração da zona ribeirinha é, no entanto, um projeto a longo prazo, o que pode dificultar a previsão dos seus resultados. O acesso global à investigação pode promover a cópia de bons projectos de outras partes do mundo, mas também pode levar à normalização das intervenções. Esta globalização das soluções, combinada com o planeamento de uma função turística excessivamente comercial, pode resultar na chamada disneyficação do espaço público - uma forma de placemaking temática, com guião e marca (Andini, 2009).

2.1. Infra-estruturas
2.2. O que é uma infraestrutura?
Parece que a tarefa mais crucial na definição de infra-estruturas inteligentes à beira-mar é definir a própria infraestrutura. Não é fácil, uma vez que houve (e continua a haver) muitas tentativas de cunhar uma definição de infraestrutura, cada uma delas tendo em consideração aspectos diferentes, situações diferentes, estados diferentes das outras. Felizmente, quase todas elas têm algo em comum, mencionando ou implicando as seguintes caraterísticas: sistemas inter-relacionados, componentes físicos e necessidades sociais (Fulmer, 2009).
É necessário analisar algumas das definições para compreender o significado destes três componentes. Segundo o Online Etymology Dictionary, a etimologia da palavra "Infraestrutura" vem do francês. Originalmente, era utilizada no sector militar (1875). Jnfra", do latim, significa "abaixo, por baixo" - acrescentando a palavra "estrutura", cria-se um significado: instalação que forma a base de qualquer operação ou sistema.
A definição mais básica é dada pelo Oxford English Dictionary: As estruturas físicas e organizacionais básicas e as instalações (por exemplo, edifícios, estradas, fontes de energia) necessárias para o funcionamento de uma sociedade ou empresa: a infraestrutura social e económica de um país.
No resumo do Journal of Infrastructure Systems, publicado pela Sociedade Americana de Engenheiros Civis, podemos encontrar a seguinte definição A infraestrutura de apoio às actividades humanas inclui sistemas físicos, sociais, ecológicos, económicos e tecnológicos complexos e inter-relacionados, tais como transportes, produção e distribuição de energia, gestão de recursos hídricos, gestão de resíduos, instalações de apoio às comunidades urbanas e rurais, comunicações, desenvolvimento de recursos sustentáveis e proteção ambiental. "Complexo e inter-relacionado" parecem ser as palavras-chave mais importantes na descrição das infra-estruturas. Na explicação da definição, os autores da revista afirmam também que todos esses sistemas necessitam de conhecimentos inter e multidisciplinares para serem projectados, construídos e (o que é mais importante) sustentados. A falta de uma infraestrutura que satisfaça determinadas necessidades (sociais) conduz a informações incertas ou a objectivos múltiplos e contraditórios.
De acordo com Chambers (2007), os activos de infra-estruturas são as estruturas físicas, instalações e redes que fornecem serviços essenciais numa comunidade, tais como transportes, empresas de serviços públicos, sistemas de água e comunicações, bem como

instalações públicas como escolas, hospitais e edifícios governamentais. Estes activos e empresas prestam serviços primários que são cruciais para o sucesso do desenvolvimento económico da sociedade. Esta afirmação mostra como é importante ver as infra-estruturas não apenas como condutas subterrâneas e aéreas ou auto-estradas, mas também como escolas, hospitais e até sistemas que gerem essas instituições (sistema educativo ou sistema de saúde). As infra-estruturas, quando funcionam a um nível inferior ao ótimo, prejudicam gravemente a produtividade e o crescimento de uma comunidade. (Chambers, 2007) Os exemplos anteriores mostram que a definição de infraestrutura é muito variável, mas a influência da infraestrutura na economia e na sociedade é frequentemente especificada e mais real (também dramática) do que algumas pessoas pensariam.

2.3. Classificação das infra-estruturas de base

É impossível descrever as infra-estruturas como um grupo único e invariável. Anteriormente, foi mencionada uma divisão em infra-estruturas técnicas (como condutas), serviços (como escolas) e infra-estruturas de sistemas (como o sistema educativo). Há divisões mais complexas. Estas, tal como as definições, dependem da situação e dos aspectos tomados em consideração, por exemplo, as infra-estruturas podem também incluir os bens envolvidos na circulação de pessoas, energia e mercadorias. Inderst (2009), no seu artigo: "Pension Fund Investment in Infrastructure", divide a infraestrutura em secções claras. Segundo ele, é possível dividi-las em duas categorias principais - por caraterísticas físicas e por uma série de sectores dentro das duas categorias básicas: infra-estruturas económicas e sociais.

Weisdorf, diretor de investimentos do Infrastructure Investments Group, apresenta uma divisão diferente. No seu trabalho, podemos distinguir os seguintes subgrupos: transportes, comunicações, regulamentação, infra-estruturas sociais (Weisdorf, 2007).

Depois de dividir os tipos em grupos, é crucial elaborar uma classificação detalhada, porque se não soubermos do que estamos a falar, não há forma de investir com confiança nas infra-estruturas. (Fulmer, 2009) Para a nossa investigação, fizemos uma classificação básica de acordo com a função, que nos ajudará a fazer melhores propostas em termos de infra-estruturas inteligentes numa cidade à beira-mar como Gdynia. Decidimos dividi-las em 5 categorias básicas: infra-estruturas de transportes, serviços públicos, infra-estruturas sociais, ordem pública/proteção e infra-estruturas económicas.

1. INFRA-ESTRUTURAS DE TRANSPORTES:

- ESTRADAS, autoestrada, estacionamento;
- CAMINHOS-DE-FERRO, incluindo instalações terminais (pátios ferroviários, estações ferroviárias), passagens de nível, sistemas de sinalização e comunicações
- Portos marítimos, ferries, faróis, etc..;
- AEROPORTOS, incluindo sistemas de navegação aérea;
- Sistemas de MASS TRANSIT, sistemas de comboios urbanos, metropolitanos, eléctricos, tróleis, bicicletas urbanas, sistemas de partilha de automóveis urbanos e transportes por autocarro;
- VEIAS E PASSEIOS para bicicletas e peões, incluindo pontes pedonais, passagens inferiores para peões e outras estruturas especializadas para ciclistas e peões.

2. INFRA-ESTRUTURAS DE SERVIÇOS PÚBLICOS:

* ENERGIA eletricidade, gás, carvão, aquecimento;
* Gestão da água, água potável, recolha de esgotos e eliminação de águas residuais, sistemas de drenagem;
* COMUNICAÇÃO rádio i cabo, satélites (TV, rádio, telefone, Internet);
* Gestão de RESÍDUOS SÓLIDOS, aterros sanitários, reciclagem.

3. INFRA-ESTRUTURAS SOCIAIS:

* Sistema de cuidados de saúde, hospitais, clínicas;
* SERVIÇO DE ASSISTÊNCIA SOCIAL orfanatos, lares de idosos;
* Sistema educativo e de investigação, escolas, universidades, escolas superiores especializadas, instituições de investigação;
* CULTURAL bibliotecas, cinemas, teatros, óperas;
* Infra-estruturas desportivas e recreativas, estádios, arenas, parques infantis, piscinas, parques.

4. INFRA-ESTRUTURAS DE ORDEM E PROTECÇÃO PÚBLICAS:

* Aplicação da lei, tribunais, prisões. Gestão da ordem;
* SERVIÇOS DE EMERGÊNCIA (polícia, proteção contra incêndios, ambulâncias)
* Infra-estruturas militares (quartéis, quartéis-generais, aeródromos, comunicações, instalações, armazéns, instalações portuárias e estações de manutenção);
* MONITORIZAÇÃO, proteção do ambiente, monitorização da terra (gestão costeira, controlo das inundações, meteorologia).

5. INFRA-ESTRUTURAS ECONÓMICAS:

* Sistema financeiro, bancos;
* sectores básicos da economia (indústrias marítimas, pescas, agricultura, silvicultura);
* serviços elementares.

2.3. Outras categorias

A classificação acima apresentada é o resultado de um longo debate. Há tipos de infra-estruturas que poderiam ser afectados a mais do que um grupo, o que nos mostra que, apesar do nível de pormenor da classificação proposta, esta não é exaustiva. É possível adotar uma abordagem diferente ou acrescentar mais variáveis à classificação. Na nossa investigação, decidimos criar divisões mais pormenorizadas de acordo com as seguintes variáveis

1. Forma física:

* HARD - todas as infra-estruturas fisicamente existentes, como condutas, estradas, edifícios, máquinas, centrais eléctricas, etc.
* SOFT - os activos de infraestrutura que não são físicos, como os horários de todos os tipos de transportes públicos, o sistema educativo ou qualquer outro sistema operativo e redes.

2. Área de impacto:

* LOCAL - à escala da cidade;
* GLOBAL - à escala do Estado (auto-estradas, parques nacionais, algumas redes).

3. Aplicabilidade local:

- UPLAND;
- LINHA DE COSTA;
- NA ÁGUA.

3.1. Cidades e infra-estruturas inteligentes

O conceito de "ser inteligente" tem estado na moda em muitos domínios nos últimos anos. Tradicionalmente, o termo "smart" significava algo brilhante, esperto e inteligente (Oxford University Press, 2014), mas hoje em dia, durante o rápido crescimento das tecnologias da informação e da comunicação, tornou-se sinónimo de desenvolvimento, melhoria e conhecimento baseado em dados.

Segundo a ARUP, atualmente, "os desafios das alterações climáticas, do crescimento populacional, das alterações demográficas, da urbanização e do esgotamento dos recursos significam que as grandes cidades do mundo precisam de se adaptar para sobreviver e prosperar no século XXI". (ARUP, 2011) É por isso que estão a ser introduzidas cada vez mais soluções inteligentes em muitos domínios da vida quotidiana.

Em geral, mais inteligente significa que o processo ou o elemento da grelha é: instrumentado (para medir, sentir e ver o estado de tudo), interligado (as pessoas, os sistemas e os objectos podem comunicar e interagir uns com os outros de formas totalmente novas) e inteligente (analisando e obtendo informações a partir de fontes de informação maiores e mais diversificadas, prever e responder melhor à mudança) (Cleverley, 2012).

3.2. A ideia de cidades inteligentes

A ideia de uma cidade inteligente tornou-se um novo modelo de desenvolvimento das cidades nos últimos anos. Muitos investigadores, especialistas e até políticos utilizam esta ideia como uma das formas de resolver os problemas urbanos recentes. No entanto, não existe uma definição única e coerente de cidade inteligente.

Caragliu, Del Bo, Nijkamp opinaram que se pode falar de cidades inteligentes quando "os investimentos em capital humano e social e em infra-estruturas de comunicação tradicionais (transportes) e modernas (TIC) alimentam um crescimento económico sustentável e uma elevada qualidade de vida, com uma gestão sensata dos recursos naturais, através de uma governação participada". (Caragliu, Del Bo, & Nijkamp, 2009). Além disso, este termo é utilizado para descrever uma cidade com uma indústria inteligente, especialmente no domínio das TIC.

A cidade inteligente também se refere ao nível de educação dos habitantes da cidade, à relação entre o governo da cidade e os cidadãos ou à utilização de tecnologia moderna na vida urbana quotidiana. Além disso, na literatura, a cidade inteligente também está relacionada com a segurança, a sustentabilidade ecológica ou a energia (Centre of Regional Science, 2007).

O principal objetivo da cidade inteligente é melhorar a eficiência das operações da cidade, a qualidade de vida dos seus cidadãos e o crescimento da economia local (Smart City Team, 2013). Os resultados podem ser vistos no desenvolvimento económico e na criação de emprego, promovendo a eficiência dos recursos e mitigando as alterações climáticas, proporcionando um melhor local para viver e trabalhar, gerindo as cidades de forma mais eficiente e apoiando as comunidades (ARUP, 2010).

3.3. Infra-estruturas inteligentes

As infra-estruturas são a espinha dorsal da cidade, pelo que torná-las inteligentes é o primeiro passo para atingir o objetivo de ser uma cidade inteligente. A infraestrutura é um sistema, mas se estamos a falar de uma infraestrutura inteligente, então estamos também a falar de um sistema inteligente.

A tecnologia inteligente baseia-se em dados. Estes estão a ser recolhidos, medidos com precisão, analisados e interpretados e, como resultado, as decisões estão a ser tomadas. O principal objetivo deste processo é melhorar o funcionamento de todo o sistema e torná-lo mais optimizado, eficiente e adaptável a novas condições, que podem ocorrer no futuro. A base é a ideia da medição de diferentes elementos do sistema: infra-estruturas, edifícios e actividades que comunicam o seu estado e comportamento a sistemas que aprendem e se adaptam em resposta. Estes sistemas podem ser tecnológicos, legislativos ou sociais. Todo o sistema - fontes de dados, locais de análise e todos os elementos da rede - é integrado e complexo.

Os sistemas inteligentes de infra-estruturas podem analisar e utilizar a informação, que é recolhida de diferentes formas. De acordo com a Royal Academy of Engineering, existem diferentes níveis de sistemas inteligentes, que podem, consoante o seu objetivo:

- *"recolher dados de utilização e desempenho para ajudar os futuros projectistas a produzir a próxima versão mais eficiente*
- *"recolher dados, processá-los e apresentar informações para ajudar um operador humano a tomar decisões (por exemplo, sistemas de tráfego que detectam congestionamentos e informam os condutores)*
- *"utilizar os dados recolhidos para agir sem intervenção humana"* (The Royal Academy of Engineering, 2012).

As soluções inteligentes podem ser introduzidas tanto nas infra-estruturas duras como nas suaves. As tecnologias mais modernas estão a ser implementadas na energia através das redes inteligentes - redes integradas que podem monitorizar e curar-se a si próprias (Angeladas, 2013). Essas redes são adaptáveis às mudanças na oferta e na procura, preditivas para o futuro, integradas, reactivas e optimizadas (The Royal Academy of Engineering, 2012). Começam a surgir exemplos semelhantes baseados em contadores inteligentes em diferentes sectores industriais (os contadores inteligentes são sensores que monitorizam a utilização e a atividade energéticas, que são depois rapidamente analisadas, modeladas e apresentadas ao utilizador, cujo consumo de energia diminui) (ARUP, 2010). Também no domínio dos transportes estão a ocorrer mudanças intensas.

As soluções inteligentes reduzem o congestionamento, monitorizam a situação do estacionamento ou ajudam a melhorar a eficiência do fluxo de pessoas e mercadorias nas cidades. Além disso, as tecnologias inteligentes têm sido utilizadas para melhorar a qualidade do ambiente.

Nos sectores não materiais das infra-estruturas, as soluções inteligentes podem ser utilizadas:

    Administração municipal - através da racionalização da gestão;

- Educação - aumentando o acesso, melhorando a qualidade e reduzindo os custos;
- Cuidados de saúde - aumentando a disponibilidade e fornecendo diagnósticos mais rápidos e exactos;
- Segurança pública - utilizando informações em tempo real para responder rapidamente a emergências e ameaças;
- Imobiliário - reduzindo os custos de exploração, aumentando o valor e melhorando as taxas de ocupação;
- Transportes - reduzindo o congestionamento do tráfego e incentivando a utilização dos transportes públicos;
- Serviços públicos - fornecendo apenas a quantidade de energia ou água necessária e reduzindo os resíduos (Washbum, et al., 2010).

O Cambridge Centre for Smart Infrastructure and Construction opinou que existem alguns atributos cruciais, que devem ser mencionados ao criar a infraestrutura inteligente, como "perturbação mínima e eficiência máxima durante a construção, manutenção mínima para a nova infraestrutura e gestão óptima da infraestrutura existente, falhas mínimas mesmo durante eventos extremos (incêndio, riscos naturais, alterações climáticas) e resíduos mínimos de materiais no final do ciclo de vida" (Cambridge Centre for Smart Infrastructure and Construction, 2014). Isto permite a otimização do sistema desde o início do seu funcionamento.

O que esta investigação mostra é que muitas condutas de infra-estruturas podem ser tornadas mais inteligentes. O ponto crucial é integrar os sistemas uns com os outros para criar uma rede coesa. Como mostra o exemplo de um sistema inteligente compacto e funcional da ARUP: uma ideia de um ambiente urbano interligado em que as árvores e as paredes verdes arrefecem naturalmente as ruas e os edifícios; os seus resíduos verdes podem ser transformados em energia através da digestão anaeróbia ou de um tratamento biológico semelhante; esta energia pode ainda ser utilizada para alimentar uma frota de veículos de limpeza das ruas; os veículos podem utilizar as águas cinzentas recicladas dos apartamentos próximos; os resíduos orgânicos dos apartamentos podem ser utilizados em estufas no telhado; e isto pode fornecer alimentos aos apartamentos ou ao café ao nível da rua, e assim por diante. Os ciclos de nutrientes são fechados, os ciclos da água são fechados, a energia é transferida de um sistema para outro, as comunidades são envolvidas. Os benefícios são ambientais, sociais e económicos (ARUP, 2010).

CONDIÇÕES GERAIS

Após a análise teórica da terminologia, a fase seguinte centrar-se-á nas condições gerais para o desenvolvimento de infra-estruturas inteligentes. Partindo de uma visão de grande escala, serão analisados os programas, estudos e iniciativas que permitem o crescimento de tais infra-estruturas - primeiro ao nível da União Europeia, depois ao nível da Polónia e, por fim, ao nível de Tricity e da sua área metropolitana.

4.1. UE
4.2. Cidades ribeirinhas e regeneração na UE

Desde o início do século XX, a água tem vindo a desaparecer progressivamente da paisagem urbana. Os urbanistas viam a água como um perigo contra o qual era necessário defender as cidades, ou mesmo como um constrangimento ao desenvolvimento da cidade. Os canais foram tapados, as grandes massas de água foram recuperadas e os novos edifícios bloquearam a própria visão da água. Atualmente, verifica-se uma inversão desta tendência - as frentes de água estão a viver os seus dias de glória (Bruttomesso, 2001).

5. Zona ribeirinha de Liverpool
Fonte: www.liverbird-calendars.co.uk/wp-content/uploads/2012/08/Liverpool-Canvas-LIV-001- Liverpool-Skyline.jpg

A regeneração da orla marítima é uma parte importante do desenvolvimento das cidades pós-portuárias. Pode ser facilmente relacionada com a noção de desenvolvimento sustentável, devido à influência da regeneração no ambiente (proteção da orla marítima), na sociedade (espaços públicos, património cultural) e na economia (imobiliário, desindustrialização). Estes são também alguns dos principais objectivos da política comum da União Europeia.

Em 2003, a UE lançou o projeto "Comunidades Ribeirinhas", que visava melhorar o desenvolvimento das zonas ribeirinhas em nove cidades de acesso ao Mar do Norte. Com um enfoque específico na sustentabilidade e na inclusão social, a implementação foi planeada de acordo com estes três temas: 1) desenvolvimento de uma rede de aprendizagem; 2) cumprimento de objectivos estratégicos e promoção da inovação organizacional; 3) estabelecimento de padrões de qualidade de conceção urbana e social. O projeto foi concluído em 2007 com algumas mudanças importantes na regeneração da orla marítima nas políticas nacionais. Por exemplo, em Schiedam (NL), os resultados influenciaram as políticas e o planeamento a nível local, tendo o nível nacional sido influenciado pela implementação do projeto-piloto de supervisor social em todos os Países Baixos. O Projeto das Comunidades Ribeirinhas também resultou na criação de um conjunto de ferramentas "The Cool Sea", que reúne os ensinamentos do Projeto das Comunidades Ribeirinhas em termos de ferramentas e métodos que podem ser aplicados às tarefas de regeneração das zonas ribeirinhas (Programa da Região do Mar do Norte, 2009).

Atualmente, a UE continua a apoiar projectos de regeneração de frentes de água. Como as frentes de água são espaços multifuncionais, combinam uma utilização ambiental, económica e social. Atualmente, 3-5% do PIB da UE provém do sector marítimo, empregando cerca de 5,6 milhões de pessoas e gerando 495 mil milhões de euros para a economia europeia. Cerca de 90% do comércio externo e 43% do comércio intra-UE são efectuados por via marítima. A indústria europeia da construção naval representa 10% da produção mundial e é a primeira do mundo em termos de valor da produção. A frota de pesca (pesca e aquicultura) na Europa é de cerca de 100 000 embarcações. Para além das actividades tradicionais, há outras novas, como a extração de minerais ou os parques eólicos. O principal objetivo da política marítima da UE é responder de forma coerente a qualquer desafio que este sector tenha de enfrentar: da poluição à proteção do ambiente, do desenvolvimento costeiro à criação de emprego e do controlo das fronteiras à vigilância. A Comissão Europeia considera que parte da economia do futuro é a economia do mar (Comissão Europeia, 2013). Todas as actividades e funções mencionadas neste parágrafo são realizadas em cidades à beira-mar. É por isso que estas cidades são tão importantes para o futuro da União Europeia.

4.3. Tendências das infra-estruturas inteligentes na União Europeia

Como já foi referido, a maioria das soluções inteligentes existentes e aplicadas está a ser introduzida nos sectores da poupança de energia, da poupança de água e dos transportes/mobilidade, ao passo que as soluções de infra-estruturas não motorizadas estão apenas na fase de investigação e planeamento. Tendo em conta as tendências europeias, é de esperar que novas partes das infra-estruturas urbanas se tornem "mais inteligentes".

6. Região do Mar Báltico - vista da EEI
Fonte: www.nauklove.pl/wp-content/uploads/2014/07/iss.jpg

A contagem inteligente, associada a soluções respeitadoras do ambiente, está a ser introduzida no sector da energia através da rede de redes inteligentes. O Centro Comum de Investigação do Instituto da Energia e dos Transportes da Comissão Europeia mantém a base de dados de projectos de redes inteligentes de eletricidade, dividida em projectos de "Investigação e Desenvolvimento" e de "Demonstração e Implantação". De acordo com o seu último relatório, houve 459 projectos de redes inteligentes desde 2002 até hoje, contando apenas aqueles em que pelo menos um dos Estados-Membros da UE esteve envolvido. A maioria dos projectos foi introduzida na Alemanha, Dinamarca e Itália, mas, tendo em conta os orçamentos dos projectos, as maiores percentagens situam-se em França e no Reino Unido (Covrig, Ardelean, Vasiljevska, Mengolini, Fulli, & Amoiralis, 2014). Em ambos os rankings, a Polónia está abaixo da 16.ª posição, o que mostra que soluções deste tipo são um conceito novo nesta região.

Existem diferentes tipos de soluções inteligentes, e não apenas as relacionadas com a energia, que apoiam a proteção do ambiente. Há alguns anos, Malta introduziu a Estratégia Nacional de TI Smart Island (2008-2010), que descreve o sistema de integração da energia e da água, que pode identificar fugas de água e perdas de eletricidade, bem como monitorizar a utilização e identificar as fontes de maior consumo (The Malta Information Technology Agency, 2007). A cidade de Amesterdão, na sua Estratégia Inteligente, assume a ideia de "rua climática", que pode ser concretizada através da introdução de camiões eléctricos não poluentes, paragens de autocarros urbanos, outdoors, luzes alimentadas por energia solar, telhados de casas e empresas equipados com isolamento energeticamente eficiente, reduzindo os custos de energia (Amsterdam Smart City, 2014).

A maioria das cidades europeias começou a introduzir soluções inteligentes no domínio dos transportes e da mobilidade. Estas soluções baseiam-se na ideia de eliminar o transporte individual em automóvel no centro da cidade, bem como de facilitar os transportes públicos e as infra-estruturas para peões e ciclistas. Os exemplos deste tipo de soluções são: sistemas de informação avançados, sistemas de aluguer de bicicletas, ecrãs de disponibilidade de estacionamento, otimização de semáforos com prioridade para os transportes públicos, preços dinâmicos para o estacionamento e pagamento eletrónico ou transportes públicos sensíveis à procura. Estas soluções foram introduzidas, por exemplo, na cidade de Helsínquia ou em Bristol (Bristol City Council, 2011). Outro exemplo de uma solução de mobilidade inteligente é o Sistema de Faixas de Autocarro Intermitentes, que cria faixas de autocarros temporárias quando necessário, como em Lisboa (Spinak, Chiu, & Casalegno, 2008).

Cada vez mais países europeus reconhecem as vantagens de recolher e partilhar com o público dados sobre diferentes áreas urbanas, pelo que estão a ser publicados sítios Web de dados abertos. Estes podem apresentar dados a nível nacional, regional ou local, mas tendo em conta o nível de pormenor ou a utilidade para os habitantes, os sítios Web das cidades são os mais úteis. Este tipo de portais existe em Paris, Londres ou Dublin. No entanto, as soluções de infra-estruturas inteligentes ligadas à utilização de diferentes tipos de dados estão a ser introduzidas num número crescente de cidades e em várias áreas da vida urbana quotidiana.

4.4. Apoio da União Europeia às soluções inteligentes

Há muitas possibilidades de as cidades e regiões obterem apoio - organizacional e financeiro - das instituições da União Europeia. Muitos programas e iniciativas que foram introduzidos incluem algumas referências à ideia da cidade inteligente como um novo plano para o desenvolvimento de uma cidade. Existem também algumas organizações e plataformas europeias que associam as partes interessadas do sector das infra-estruturas inteligentes.

Na estratégia europeia Horizonte 2020, dois dos cinco objectivos para a UE em 2020 estão relacionados com as questões das infra-estruturas inteligentes - "Investigação e desenvolvimento" e "Alterações climáticas e sustentabilidade energética" (Estratégia Horizonte 2020 da Comissão Europeia, 2010). Para tal, foi necessário criar iniciativas e documentos especializados, como a Iniciativa União da Inovação ou a Agenda Digital para a

Europa. A segunda delas, em especial, é dedicada ao desenvolvimento de infra-estruturas inteligentes. No seu pilar VII, intitulado "Benefícios das TIC para a sociedade da UE", a ação 111 intitula-se "Concentrar-se e desenvolver e implementar, conforme adequado, as Cidades Inteligentes, o Envelhecimento Ativo e Saudável, os Automóveis Ecológicos, os Edifícios Energeticamente Eficientes", pelo que está sobretudo relacionada com as soluções inteligentes "que ultrapassam as fronteiras sectoriais e potenciam sinergias entre os sectores das TIC, da energia e dos transportes/mobilidade (por exemplo, em termos de utilização múltipla das infra-estruturas)" (Agenda Digital para a Europa da Comissão Europeia, 2010). Além disso, a parte da Agenda relativa ao ambiente "promove a utilização efectiva das TIC para enfrentar os desafios societais nos domínios dos transportes, da energia, do clima e da eficiência dos recursos. Isto inclui iniciativas em domínios como as cidades sustentáveis, os edifícios energeticamente eficientes, as redes de energia inteligentes e a gestão da água e das alterações climáticas" (Agenda Digital para a Europa da Comissão Europeia, 2010).

A Comissão Europeia também lançou a Parceria Europeia de Inovação para as Cidades e Comunidades Inteligentes, que reúne partes interessadas como as cidades europeias, líderes da indústria e representantes da sociedade civil e proporciona um fórum para a identificação, desenvolvimento e implementação de soluções inteligentes inovadoras para as zonas urbanas (European Commission Memo, 2013). Noutros documentos da UE, como as estratégias de Lisboa e Gotemburgo, a Agenda Territorial, o URBACT ou a Carta Urbana de Leipzig, são também incluídas as condições para apoiar e introduzir a inovação e as soluções inteligentes na vida urbana (Paskaleva, 2011). Além disso, a Comissão Europeia incentiva os governos nacionais a criarem tecnologia de grandes volumes de dados (Comunicado de Imprensa da Comissão Europeia, 2014).

De acordo com os especialistas da Plataforma de Partes Interessadas das Cidades Inteligentes, existe uma vasta gama de fontes de financiamento da UE para o desenvolvimento de cidades inteligentes e, consequentemente, para as infra-estruturas inteligentes. Estes fundos, dependendo da solução inteligente específica, podem ser encontrados na Política de Coesão (incluindo o Fundo Social Europeu e o Fundo Europeu de Desenvolvimento Regional), Mecanismo Interligar a Europa (MIE) - Transportes, energia e TIC, Pilar 2 da Política Agrícola Comum (PAC), Fundo Europeu Agrícola de Desenvolvimento Rural e Ambiente e Alterações Climáticas (LIFE), JESSICA para Cidades Inteligentes e Sustentáveis ou Assistência Europeia à Energia Local (ELENA) (Plataforma das Partes Interessadas para as Cidades Inteligentes, 2013).

5.0. Polónia

5.1. Desenvolvimento concetual do país

A análise do estado atual das infra-estruturas inteligentes relativas às frentes de água urbanas deve ser iniciada a partir dos documentos estratégicos de base (Conceito de Desenvolvimento do País) e prosseguida através do exame dos Programas e Projectos Operacionais específicos. As exigências da União Europeia colocam a tónica no desenvolvimento inteligente e sustentável, o que tem influência nos documentos de planeamento à escala nacional.

De acordo com o Ministério das Infra-estruturas e do Desenvolvimento, os principais documentos estratégicos da Polónia, com base nos quais é conduzida a política de desenvolvimento, incluem

• estratégia de desenvolvimento a longo prazo do país - define as principais tendências, desafios e o conceito de desenvolvimento do país a longo prazo;

• estratégia de desenvolvimento a médio prazo do país - fundamental para identificar as actividades de desenvolvimento, incluindo o eventual financiamento no âmbito das futuras perspectivas financeiras da UE para 2014-2020;

• 9 estratégias integradas para atingir os objectivos de desenvolvimento.

As estratégias relacionadas com as infra-estruturas da orla marítima são, por exemplo: Estratégia de Inovação e Eficiência Económica, Estratégia de Desenvolvimento para os Transportes, Segurança Energética e Ambiente, Melhor Governo, Estratégia de Desenvolvimento do Capital Social, Desenvolvimento Sustentável das Pescas.

As estratégias nacionais de desenvolvimento e as estratégias integradas criam uma hierarquia coerente de objectivos e estratégias de intervenção. A Estratégia Nacional de Desenvolvimento Regional desempenha um papel especial neste sistema - indica a dimensão do impacto territorial das intervenções efectuadas no âmbito de diversas políticas públicas e, por conseguinte, também nas outras estratégias integradas. Representa a chave para o desenvolvimento dos desafios regionais e traça os objectivos de desenvolvimento em relação aos diferentes tipos de áreas, tendo em conta as funções que desempenham, as potencialidades e os obstáculos que apresentam. Os fundos europeus continuarão a ser um forte incentivo à modernização até 2020. A sua utilização correta ajudará a construir uma base sólida para o desenvolvimento (Ministério das Infra-estruturas e do Desenvolvimento, 2014).

5.2. Programas operacionais

Os programas operacionais resultantes 2014-2020 baseiam-se diretamente na Estratégia Europa 2020 e na entrada em vigor dos acordos de parceria. Não existe um programa específico para a revitalização da orla marítima, mas nas linhas dos diferentes programas podemos encontrar muitas coisas relacionadas com essa ideia. O montante total de fundos envolvidos na implementação do Programa Operacional Infra-estruturas e Ambiente 2007-2013 foi de 37,7 mil milhões de euros, dos quais a contribuição da UE foi de 28,3 mil milhões de euros (a contribuição nacional - 9,4 mil milhões de euros):

• transportes - 19,6 mil milhões,

• ambiente -5,1 mil milhões de euros,

• potência -1,7 mil milhões,

• ensino superior - 586,5 milhões,

• cultura - 533,6 milhões,

• saúde - 395,5 milhões (Portal dos Fundos Europeus, 2014).

5.3. Projectos em curso relacionados com a infraestrutura inteligente das frentes de água

Os projectos nacionais em curso que estão diretamente relacionados com a infraestrutura das frentes de água são o RIS e o Bottom Baltic Base.

O RIS é um sistema de gestão modem, que se ocupa da recolha, tratamento e transferência, entre outros, do estado da água, das condições meteorológicas e das embarcações na zona de afetação. Todas estas informações são importantes para a segurança nas vias navegáveis e servem para melhorar a gestão do transporte fluvial. Atualmente, o RIS cobre um total de 97,3 km do troço inferior do rio Odra, desde a aldeia de Ognica até Szczecin, com: Odra oriental e ocidental, lago D^bie e outras estradas no nó de Szczecin. Estes troços têm parâmetros de vias navegáveis de importância internacional.

A estrutura de um sistema de informação fluvial harmonizado deve permitir aos operadores e utilizadores do sistema atingir os seus objectivos através de um conjunto de tarefas relacionadas com a gestão de uma frota fluvial, com base nas informações recolhidas e transmitidas que constituem o serviço (RIS-Odra, 2014).

O próximo projeto é o BalticBottomBase. A ideia principal e os objectivos deste projeto estão descritos no seu sítio Web: "O Instituto Marítimo de Gdansk tem vindo a recolher dados sobre o ambiente do Sul do Báltico desde há muitos anos. O principal objetivo do projeto é colocar estes dados valiosos à disposição de outras instituições. A BalticBottomBase estará disponível através das mais recentes normas Web, em conformidade com as diretivas da União Europeia, como a INSPIRE. Além disso, será desenvolvida e implementada uma nova solução de gestão da qualidade e de projectos assistidos por computador, especialmente para o Instituto Marítimo de Gdansk, a fim de acelerar e melhorar ainda mais os processos de recolha de dados valiosos sobre o Mar Báltico. No futuro, o projeto BalticBottomBase fornecerá infra-estruturas de TI para o acesso a dados valiosos sobre o Báltico Sul a muitas instituições: académicas e de investigação, agências governamentais e organizações comerciais. Projeto cofinanciado pelo Fundo Europeu de Desenvolvimento Regional no âmbito do Programa Operacional "Economia Inovadora". (BalticBottomBase, 2014)

A Polónia também participa na rede EuroVelo. Trata-se de uma rede europeia única que incorpora rotas cicláveis nacionais e regionais existentes e planeadas. Quando estiver concluída, terá um total de mais de 70 000 km (EuroVelo, 2014). Está previsto que partes das vias: 2, 4, 9, 10 e 11 passem pela Polónia (EuroVelo, 2014).

6.1. Tricidade

6.2. Cidade à beira-mar

Em termos de Tricity, é impossível discutir a orla marítima como uma entidade única. Há que distinguir entre a orla marítima, que tanto pode ser uma praia de areia, como uma zona portuária ou um passeio marítimo, e a margem do rio - quer se trate de uma orla histórica do rio Motlawa, quer das margens industriais do rio Vístula. Uma vez que a nossa investigação se centra em Gdynia, serão abordadas as frentes de água desta cidade.

Gdynia é uma cidade relativamente jovem, que está a desenvolver-se rapidamente. Construída como cidade portuária na década de 1920, foi sempre um centro de economia marítima. Embora uma grande área da sua orla marítima seja uma praia (parte sul da costa), a parte mais importante é a zona portuária, localizada no centro, com os prestigiados passeios vizinhos da Praça Kosciuszko e do Cais Sul. Atualmente, devido às tendências económicas globais, algumas partes da zona industrial e da orla marítima perderam a sua função original. Para proteger as partes prestigiadas da cidade de ficarem abandonadas, a cidade tem vindo a desenvolver, desde a última década, Planos Espaciais Locais para a orla marítima (a lista de Planos Espaciais Locais em Gdynia (em polaco) está disponível na página Web da cidade). O exemplo mais conhecido é o do cais de Dalmor, onde os edifícios não funcionais de uma antiga empresa de pesca deverão dar lugar a uma urbanização moderna de utilização mista.

7. Cais de Dalmor, março de 2014. Autor: Maria Dembska

8. Estado atual do molhe de Dalmor (à esquerda) e plano de desenvolvimento espacial (à direita) Fonte: Gabinete de Ordenamento do Território da Cidade de Gdynia, material de conferência

6.3. Desenvolvimento de infra-estruturas e infra-estruturas inteligentes

A Tricity não é uma entidade homogénea, pelo que muitos sistemas de infra-estruturas apoiam apenas algumas partes da área metropolitana.

Esta situação revela-se frequentemente ineficaz, o que foi uma das razões para a criação da Associação da Área Metropolitana de Gdansk em 2011 - uma associação de 49 governos locais (freguesias, condados e cidades). Esta associação tem trabalhado no sentido de desenvolver projectos conjuntos para o desenvolvimento equilibrado e sustentável da região metropolitana. A lista de iniciativas atualmente em curso inclui, por exemplo, a Oferta de Investimento Metropolitano (disponível em inglês em: http://investgda.pl/MIO/?lang=en) e o Bilhete Metropolitano, válido para serviços prestados por diferentes operadores. Os membros da Associação GMA também criaram uma União para Investimentos Integrados (Zwi^zek Zintegrowanych Inwestycji Terytorialnych). Com o apoio financeiro do governo nacional, o sindicato desenvolverá projectos como

- TriPOLIS (cooperação para a promoção do espírito empresarial);
- STeR - System Tras Rowerowych (sistema de ciclovias);
- modernização do sistema de aquecimento em toda a área metropolitana.

Em junho de 2014, os membros da GMA, juntamente com 20 outros governos locais da região, decidiram criar uma Estratégia de Desenvolvimento para a Área Metropolitana de

Gdansk para 2030. O documento deverá estar pronto até 2015 (Strategia Rozwoju dla Metropolii, Gdynia.pl). A primeira tarefa é o diagnóstico do estado atual da área metropolitana, estando atualmente a ser recolhidos e analisados dados sobre as principais áreas de desenvolvimento. As dez áreas são:

- Infra-estruturas de transporte da Área Metropolitana em termos de condições espaciais;
- Segurança energética e ambiente natural do MA;
- Inclusão social e desenvolvimento do capital social no MA;
- Inovação e espírito empresarial no MA;
- O papel das pequenas cidades e aldeias no MA;
- Desenvolvimento dos recursos humanos no MA;
- Gestão da AM;
- Condições demográficas do desenvolvimento da AM;
- Motores-chave e potenciais do desenvolvimento económico
- Internacionalização da economia do MA.

Para além das actividades no âmbito da Associação GMA, existem outros projectos de infra-estruturas que ligam a Tricity, como o Sistema Integrado de Gestão do Tráfego TRISTAR.

Para além de trabalharem em conjunto, cada uma das cidades tem as suas próprias ambições de se tornar uma cidade inteligente através do desenvolvimento de infra-estruturas inteligentes, para citar apenas alguns exemplos: Gdansk está a desenvolver um sistema de gestão de dados modem (permitindo, por exemplo, a análise de grandes volumes de dados ou a avaliação dos serviços municipais), Sopot lançou recentemente um dos primeiros sistemas municipais de aluguer de bicicletas da Polónia. De acordo com o Plano Estratégico para Gdynia 2003-2013 , muitas das tarefas de implementação são consistentes com as ideias de uma cidade inteligente:

- Assegurar um sistema de transportes urbanos eficiente e respeitador do ambiente;
- Gestão eficiente do território da cidade (ex: Criação de um sistema de informação sobre as áreas municipais (SIG) que sirva o objetivo de gestão integrada do território);
- Criar formas eficazes de apoio à atividade profissional dos habitantes;
- Desenvolvimento da atividade cívica dos habitantes;
- Aumentar o nível de modernidade e inovação da economia de Gdynia.

Algumas destas tarefas foram realizadas em cooperação com os municípios vizinhos.

Desde a adesão da Polónia à União Europeia, Gdynia tem participado ativamente em vários projectos internacionais, conduzindo ao desenvolvimento de infra-estruturas inteligentes, por exemplo:

SMART CITIES Citizen Innovation in Smart Cities - um projeto que promove a inovação social e a inclusão, juntamente com a inovação económica e a sustentabilidade ambiental, centrado na coprodução de soluções socialmente inovadoras para os problemas urbanos (página Web Smart Cities);

ENTER.HUB - um projeto que promove o papel dos centros ferroviários/interfaces multimodais de relevância regional em cidades médias como motores de desenvolvimento

urbano integrado e de regeneração económica, social e cultural (página Web Enter.hub);
Civitas DYN@MO - um projeto centrado nos domínios dos transportes urbanos sustentáveis, ou seja, planeamento da mobilidade urbana sustentável, veículos não poluentes e energeticamente eficientes, sistemas de transporte inteligentes e TIC (Gdynia - Projeto Dyn@mo - página Web da Civitas).

RELATÓRIO SOBRE O ESTADO DA COMUNIDADE

Depois de avaliar o potencial de desenvolvimento de infra-estruturas inteligentes na região, será descrita a própria cidade de Gdynia. As primeiras áreas temáticas serão a história da cidade e o ambiente natural. Os outros temas abordados serão: utilização dos solos e habitação, sistema de transportes, serviços públicos e condições socioeconómicas.

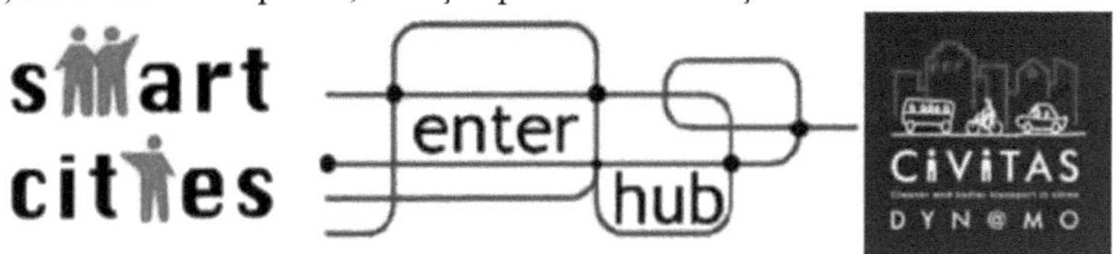

9. Logotipos dos projectos.
Fonte: www.google.pl/imghp

7.1 . História do desenvolvimento

7.1. O povoamento até ao início do século XX

A menção mais antiga dos primórdios de Gdynia remonta a 1253 (Soltysik, 1993), a partir do documento em que o bispo Wolomir enumera as aldeias de Gdynia, Witomino, Obluze e várias outras como pertencentes à paróquia de Oksywie, mas a primeira fonte que inclui um mapa da área, que determina a localização das povoações, é datada da viragem do século XVII para o século XVIII. Ao longo dos séculos, o traçado espacial pouco evoluiu. No século XIX, registaram-se alterações significativas, quando foi construído um caminho de ferro de Gdansk a Szczecin, entre 1860 e 1870. A primeira estação ferroviária de Gdynia foi criada no início do século XX, o que, alguns anos mais tarde, permitiu o desenvolvimento de uma estância balnear em Gdynia Orlowo. Nessa altura, foi planeada uma nova estrada (hoje ul. 10 lutego), que ia da estação até ao Dom Kuracyjny (construído pela Associação de Banhos de Gdynia Baltic). No entanto, o verdadeiro desenvolvimento da povoação atingiu o seu auge após a Primeira Guerra Mundial, quando a Polónia conquistou a sua independência e, com ela, uma pequena parte da linha costeira. Nessa altura, foi tomada a decisão de construir o porto.

7.2. Construção do porto

Em 1923, foi construído um porto provisório e, em 1925, iniciou-se a construção de um porto permanente. Durante a primeira metade da década de 20, o centro de Gdynia não sofreu grandes transformações. O grande avanço na história da cidade ocorreu em 1926, quando a aldeia de Gdynia recebeu direitos municipais. O primeiro recenseamento do pós-guerra, em 1921, indicava 1 268 habitantes e, em 10 de fevereiro de 1926, quando Gdynia recebeu os direitos de cidade, tinha 12 000 habitantes. De acordo com os planos de uma grande expansão da cidade, em junho de 1926 foi preparado um primeiro projeto de expansão de Gdynia.

7.3. Depois de 1930

O ponto de partida para o projeto de desenvolvimento foi a praça em frente à estação de comboios, que deveria ser o cruzamento de dois eixos principais de composição - um que chegava ao porto, o outro que constituía o núcleo do desenvolvimento paralelo à beira-mar, terminando no Fórum do Mar aberto para a baía. O eixo central representativo foi cortado ao meio por uma fileira perpendicular de edifícios com funções residenciais e de serviços. O eixo foi fechado por edifícios públicos nos dois extremos. A grelha de ruas foi criada a partir das estradas principais já existentes - por exemplo, a Rua Swi^tojanska e a Szosa Gdahska (que deveria assumir o trânsito através de Gdynia - as actuais Ruas Morska e Slqska). (Soltysik, 1993).

Devido à expansão do porto e à necessidade de deslocar o seu limite para sul, foi necessário efetuar ajustamentos significativos ao plano, uma vez que o eixo representativo principal se encontrava quase no limite do centro da cidade planeado. Foi criado um novo conceito, adaptando-se à nova situação. A parte principal deste plano era o eixo a partir da rua Lutego 10, com a praça Kosciuszko como sua continuação e a perpendicular Bulwar Nadmorski.

Em 1934, Gdynia era o maior porto do Mar Báltico em termos de movimentação de carga, e também o porto mais moderno da Europa. No início de 1936, a cidade tinha uma população de 83.000 habitantes, em dezembro do mesmo ano, 102.000, e em 1939, 127.000. O rápido crescimento da população deveu-se à imigração de mão de obra de todo o país e especialmente da Pomerânia. De uma pequena aldeia de pescadores foi criada em apenas dez anos uma cidade moderna - uma cidade com infra-estruturas modernas, uma vida cultural e científica rica, que foi o orgulho do período entre guerras na Polónia.

A mudança da situação e a expansão dinâmica da cidade em meados da década de 30 criaram a necessidade de reexaminar os planos de desenvolvimento de Gdynia. Em 1935, foi elaborado um "Plano de construção para a cidade de Gdynia" por uma equipa de arquitectos liderada por Stanislaw Filipkowski. (Soltysik, 1993) Este projeto pressupunha uma forma mais abrangente e funcional de planeamento da cidade. O principal objetivo do plano era inibir a expansão da cidade ao longo da costa e a criação de um traçado radial. Previa a criação da cintura industrial, bem como dos bairros operários que a acompanhavam. No caso do centro da cidade, o objetivo principal era estabelecer uma ligação visual com o mar e o porto. Decidiu-se criar um sistema de praças na base do Cais Sul, associado ao eixo principal da cidade - uma área potencial para a construção da parte mais representativa da cidade.

A Segunda Guerra Mundial causou danos significativos ao porto e a uma pequena parte da cidade. Em 1945, a cidade tinha uma população de apenas 74 mil habitantes, mas o desenvolvimento dinâmico da base portuária de contentores e de outras infra-estruturas colocou Gdynia na vanguarda das cidades com maior crescimento na Polónia durante esse período.

7.4. Lista dos elementos do património

Os objectos mais valiosos, de importância nacional e europeia, são principalmente o planeamento arquitetónico e urbano do início da construção da cidade e do período entre guerras. São construídos num estilo modernista clássico e constituem uma fonte de identidade histórica da cidade.

As áreas de proteção do património cultural no centro da cidade incluem: o traçado urbano histórico do centro da cidade de Gdynia, o complexo urbano Kamienna Gora (protegidas estão também as áreas de exposição em primeiro plano inscritas no registo de monumentos). Fora do centro da cidade existem várias áreas de conservação, por exemplo, o complexo rural da antiga aldeia de Oksywie, a antiga aldeia de Wielki Kack, o parque paisagístico de Kolibki, o complexo de estâncias de saúde em Orlowo.

7.2 . Ambiente natural

De acordo com a legislação polaca, cada município tem de publicar um programa de proteção ambiental. No caso de Gdynia, o programa para o período 2008-2010 com perspectivas para o período 2011-2014 é atualmente válido. A cidade está agora a preparar um novo programa para o período 2014-2017 com perspectivas para o período 2017-2020.

8.1. O potencial de recursos naturais de Gdynia

Gdynia não possui quaisquer depósitos minerais significativos. Os recursos potenciais mais importantes que o ambiente de Gdynia oferece são o potencial hídrico e o potencial recreativo. Na cidade existem cerca de 40 captações de água. As quatro maiores ("Rumia", "Sieradzka", "Wielki Kack" e "Wiczlino") têm influência no desenvolvimento e na utilização dos solos devido às suas zonas de proteção.

A maioria das áreas recreativas são as florestas e a zona costeira (não só a praia, mas também o cais e os passeios). De acordo com a avaliação da Câmara Municipal, o potencial recreativo do ambiente em Gdynia é muito grande, mas moderadamente utilizado. (SUiKZP, 2008)

8.2. Zonas de habitat para a flora e a fauna

Graças à diversidade do clima, da estrutura geológica, da topografia, das águas e dos solos, Gdynia possui uma variedade de habitats para muitas espécies, algumas das quais estão protegidas por lei. Atualmente, dentro dos limites da cidade encontram-se:

- quatro reservas naturais (K^pa Redlowska, Kacze L^gi, Cisowa, L^g nad Swelinq);
- parte do parque paisagístico de Ticity;
- Natureza 2000: Zona de proteção especial: PLB 22005 Zatoka Pucka e zonas especiais de conservação: PLH 220032 Zatoka Pucka i Polwysep Helski, PLH 220105 Klify i Rafy Kamienne Orlowa (Natura 2000, 2014);
- oito sítios ecológicos ("uzytki ekologiczne");
- um sítio documental de natureza inanimada ("stanowisko dokumentacyjne przyrody nieozywionej");
- sessenta e um monumentos naturais (está planeada a adição de vários novos) (Projekt programu ochrony srodowiska, 2014).

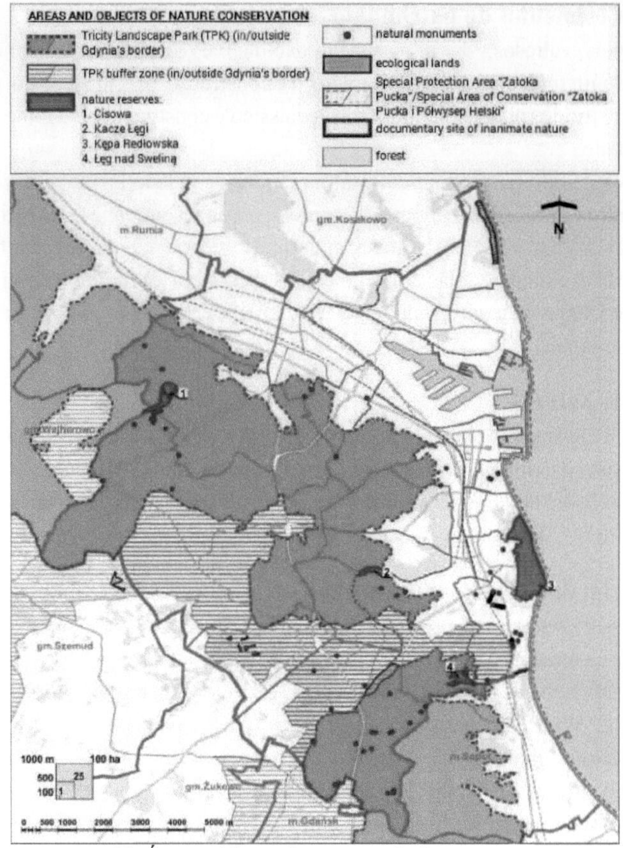

10. Áreas e objectos de conservação da natureza.

Fonte: Studium uwarunkowan i kierunkow zagospodarowania przestrzennego miasta Gdyni.

8.3. Potencial de esgotamento do ambiente pelas actividades humanas

A poluição do ar é uma consequência do facto de as principais fontes de emissão estarem localizadas na cidade e da capacidade de auto-purificação da atmosfera. Os sistemas de aquecimento estão a ser modernizados para diminuir o seu impacto na poluição atmosférica (apesar dos esforços, continuam a ser um dos mais pesados para o ambiente - a central de produção combinada de calor e eletricidade "Radmor" está localizada no centro da cidade), mas a quantidade de automóveis e o congestionamento relacionado com os mesmos aumentam na cidade. Por esse motivo, Tricity foi incluída no programa de proteção do ar em 2010.

Em 2012, foi criado um mapa da poluição sonora. Este mapa mostra que a principal fonte de ruído é o tráfego (sobretudo de automóveis) e que é pouco provável que esta situação se altere nos próximos anos. (SUiKZP, 2008)

Atualmente, o aeroporto de Gdynia Oksywie não é oneroso para o ambiente e para os cidadãos, mas poderá afetar a utilização dos solos nos distritos de Oksywie e Babie Doly no futuro. (SUiKZP, 2008)

Existem os seguintes rios ou riachos em Gdynia:

- Chylonka (comprimento 3,2 km);
- Cisowska Struga (12,5 km) com os seus afluentes Marszewska Struga e Potok Demptowski;
- Kacza (14,8 km) com os seus afluentes: Zrodlo Marii, Potok Wiczlihski, Potok Przemyslowy;
- Potok Kolibkowski (2 km);
- Swelina (2,6 km). (Gdynia - informações sobre o ambiente, 2014).

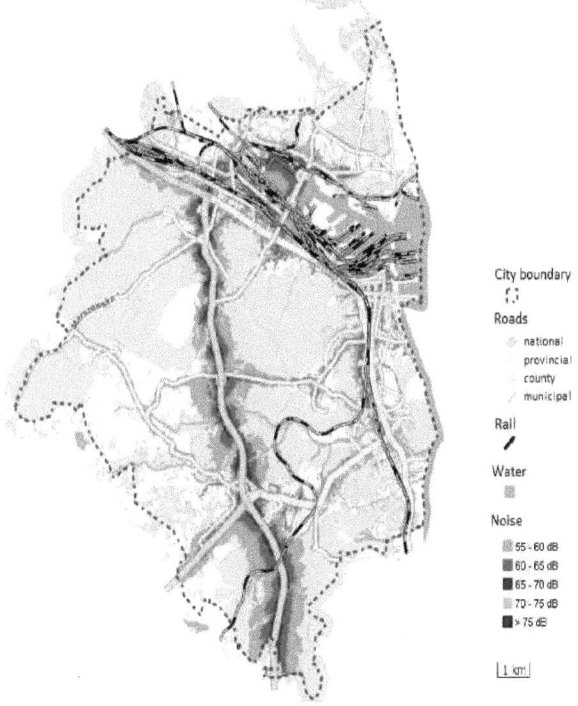

11. Ruído em Gdynia.
Fonte: www.gdynia.pl/bip/srodowisko/5548_49387.html

A Inspeção da Voivodia para a Proteção do Ambiente em Gdansk examinou Chylonka (Wojewodzki Inspektorat Ochrony Srodowiska w Gdahsku, 2005) e Kacza (Wojewodzki Inspektorat Ochrony Srodowiska w Gdahsku, 2013).

De acordo com os seus relatórios sobre o estado do ambiente, o estado sanitário destes rios é mau.

8.4. Dados climáticos

Gdynia está situada numa zona de clima temperado, entre a zona continental e a zona oceânica, modificada pela proximidade do Mar Báltico. As suas caraterísticas são o clima variável e as estações amenas.

O microclima de Gdynia é específico devido à sua localização à beira-mar. A principal fonte de informação climática são os dados recolhidos durante muitos anos pelo Instituto de Meteorologia e Gestão da Água. Há ventos fortes e humidade elevada (74% no verão e 82% no inverno).

O mês mais quente é julho (média de 7,3DC) e o mais frio fevereiro (-1,3DC). A estação de crescimento dura, em média, cerca de 200 dias. Os meses mais chuvosos são julho e agosto (em cada um deles a precipitação média é de cerca de 70 mm). A menor precipitação ocorre em março (23 mm). (Program ochrony srodowiska, 2008)

9.1 . Utilização dos solos e habitação
9.2 . Utilização atual do solo em Gdynia

Devido à sua localização à beira-mar, ao contexto geológico variado e à paisagem pós-glaciar, quase metade de Gdynia está coberta por florestas (46%). As terras aráveis cobrem cerca de 15% da área da comuna. O resto da cidade está urbanizado em maior ou menor grau - as zonas habitacionais e as zonas de comunicação ocupam cerca de 10%, enquanto os terrenos industriais cobrem apenas cerca de 4% de Gdynia, o que é bastante surpreendente, tendo em conta o facto de que, no início da sua existência, era uma cidade tipicamente naval e marítima (imagem 12.).

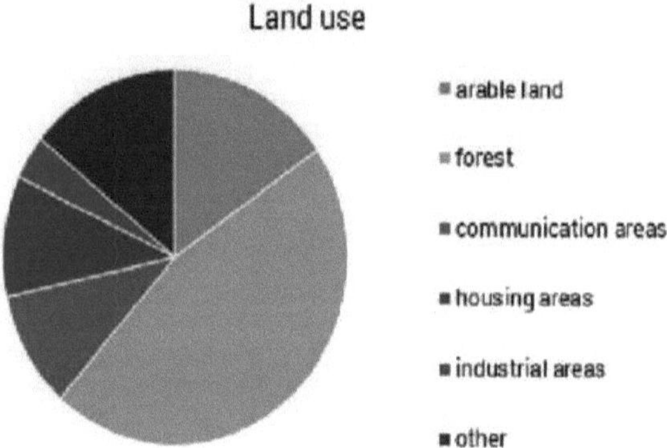

12. Utilização funcional do solo em Gdynia (em 31.12.2013).

Fonte: Elaboração própria com base nos dados do Gabinete de Desenvolvimento da Cidade de Gdynia. As maiores áreas de moradias unifamiliares encontram-se nos bairros mais jovens, como Chwarzno-Wiczlino, D^browa e Wielki Kack (partes ocidentais de Gdynia), ou nos bairros de vilas históricas (Kamienna Gora, Dzialki Lesne, Oriowo i Maly Kack). No norte, predomina a habitação multifamiliar, separada do centro da cidade pelas zonas industriais e portuárias de Cisowa, Chylonia e pela parte norte do centro da cidade. As zonas habitacionais situam-se ao longo da orla marítima, da rua principal que liga Gdynia a Sopot e Gdansk e das ruas que vão da orla marítima à circular (Obwodnica Trojmiasta). As terras aráveis estão localizadas na parte ocidental de Gdynia. Entre as zonas habitacionais orientais e as zonas ocidentais situam-se as principais florestas (imagem 13.).

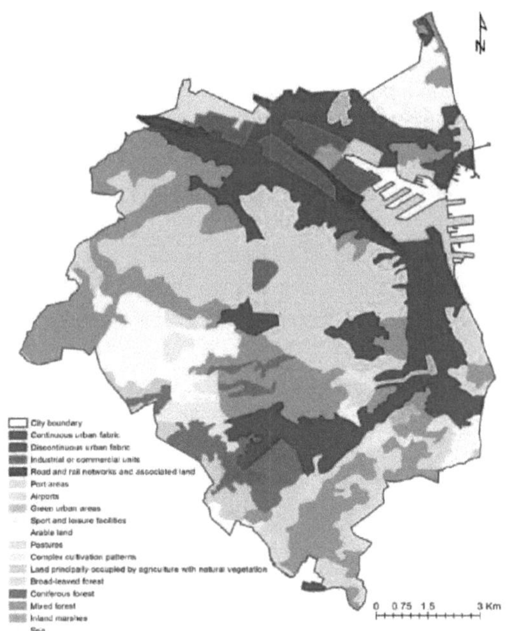

13.   Utilização do solo em Gdynia por Corine Land Cover.

Fonte: Elaboração própria com base nos dados do Corine Land Cover.

Devido ao uso funcional do solo e à grande contribuição das florestas para a estrutura da cidade, o proprietário desta parte de Gdynia é a organização das Florestas Nacionais. No que respeita às zonas urbanizadas, uma parte maior da zona costeira fornece recursos ao município. Noutras partes de Gdynia (oeste e norte), os terrenos estão divididos entre proprietários privados e o município. As zonas ferroviárias e portuárias são propriedade do Tesouro Público. Pequenas áreas de terreno pertencem a condomínios, igrejas e empresas comerciais (Mapa da propriedade fundiária em Gdynia, 2014).

Dwelling stocks:	2006	2007	2008	2009	2010	2011
Dwellings:	100177	101242	102936	103872	104938	106200
Average usable floor space of dwellings in thous. m2 per 1 inhabitant	60,1	60,3	60,7	60,9	61,1	62,0
Average number of persons per dwelling	2,51	2,47	2,42	2,39	2,36	2,34
Average number of persons per room	0,73	0,72	0,71	0,70	0,69	-

Em 2011, a dimensão média das habitações em Gdynia era de 26,5 m2 por pessoa. A média na Polónia é de 24,7 m2. Isto mostra que a situação em Gdynia é ligeiramente melhor, mas em comparação com os padrões da Europa Ocidental, a dimensão média das habitações é inferior em cerca de 40% (Strzeszyriski, 2011). No entanto, este indicador varia consoante a localização e o tipo de edifícios de habitação. Nas zonas norte de Gdynia, é de 17,8 m2/pessoa, enquanto nas zonas oeste e sul é de cerca de 40 m2/pessoa (imagem 13). O indicador mais elevado regista-se nas zonas de habitação isolada, onde os apartamentos são maiores, e no centro da cidade, onde vivem as famílias com o menor número de membros (SUiKZP, 2008). No que respeita à propriedade das habitações, a maioria das casas em Gdynia pertence a uma pessoa singular (44%) ou a cooperativas de habitação (41%). Mais de 28% pertencem a condomínios, 6,5% a municípios e 3,5% a empresas. Apenas menos de 1% dos fogos são propriedade do Tesouro Público e de sociedades públicas de construção. Mais de 4% pertencem a outras entidades (Anuário Estatístico de Gdynia, 2011).

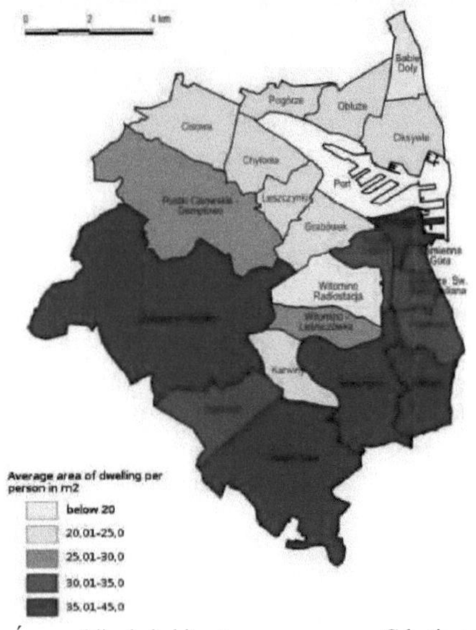

14. Área média de habitação por pessoa em Gdynia em 2011.
Fonte: Studium uwarunkowan i kierunkow zagospodarowania przestrzennego miasta Gdyni.

O estado do parque habitacional é considerado bom, mas depende da idade dos edifícios. De acordo com o Studium uwarunkowan (...), podem ser observadas 5 fases de desenvolvimento da habitação em Gdynia desde o início da cidade:

Início da urbanização 1920-1945 - nos primórdios de Gdynia, a construção planeada teve lugar no centro da cidade (especialmente nos prédios de apartamentos), mas também nos bairros situados perto do mar, onde foram construídas muitas casas isoladas; em pequenas áreas pode ver-se uma ideia da cidade-jardim de Howard (Kamienna Gora, Dzialki Lesne); o estado atual dos edifícios desta época é geralmente bom, dependendo da atividade dos proprietários; os edifícios do centro da cidade estão nas melhores condições de funcionamento, mas nos outros bairros alguns desses edifícios (que não foram demolidos durante a Segunda Guerra Mundial) estão agora abandonados;

Após a Segunda Guerra Mundial, reconstrução 1946-1956 - alguns dos edifícios existentes foram demolidos durante a guerra, pelo que os primeiros anos após a guerra foram dedicados à reconstrução, mas sem qualquer expansão para áreas anteriormente não desenvolvidas;

- Urbanização intensiva dos anos 60 e 70 - tal como em toda a Polónia, em Gdynia foram construídas muitas habitações multifamiliares com materiais pré-fabricados; esta construção estava relacionada com a procura de habitação para o número crescente de pessoas empregadas na indústria da construção naval, pelo que a maioria destes edifícios foi construída nos distritos situados perto do estaleiro (como Obluze e Pogorze, a norte, ou Chylonia) ou com boas ligações a este por transportes públicos (como Witomino); a maioria destes edifícios não se encontra atualmente em bom estado devido à má qualidade dos materiais utilizados. No entanto, há um problema com a sua reconstrução ou demolição, porque atualmente cerca de 40% do parque habitacional de Gdynia está localizado neste tipo de edifícios;

- Período de construção sem normas - anos 80 e início dos anos 90 - após a crise das cooperativas de habitação, os princípios de conceção da construção e do urbanismo desapareceram e o preço dos terrenos tornou-se o fator de desenvolvimento mais importante. Isto levou ao caos urbano, que pode ser visto atualmente no espaço da cidade, especialmente nas zonas ocidentais de Gdynia. Nos anos 90, começou a tendência para compactar o edificado nas zonas urbanizadas. Devido à idade dos edifícios, estes ainda se encontram em boas condições de construção;

- Período de construção desde a segunda metade dos anos 90 até à atualidade - devido ao aparecimento de empresas de promoção imobiliária, iniciou-se o processo de suburbanização. Estas empresas oferecem casas unifamiliares e blocos de apartamentos em pequena e média escala, concentrando-se na maximização da área de venda com a redução de áreas públicas e verdes, o que leva à formação de aglomerados monofuncionais. Esta situação verifica-se sobretudo nos bairros periféricos a oeste de Gdynia. A maioria dos edifícios é nova e está em boas condições de construção, com habitações de maior dimensão por pessoa do que nas zonas anteriormente desenvolvidas. Simultaneamente, surgiu um novo tipo de edifício - os edifícios de apartamentos como unidades intensivas de edifícios altos com serviços no rés do chão. Funcionam como complemento dos edifícios existentes na zona costeira (SUiKZP, 2008).

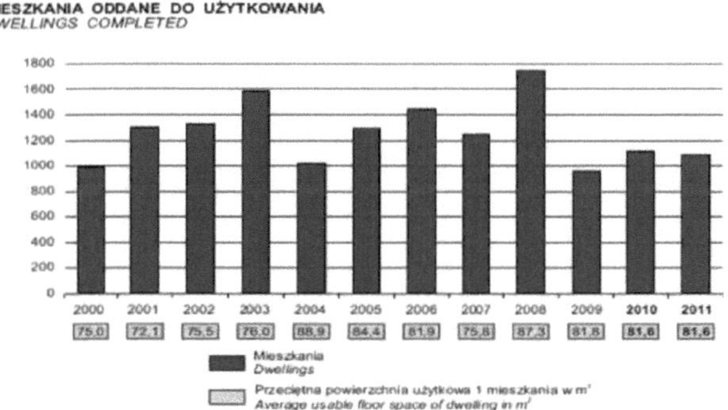

15. Habitações concluídas em Gdynia 2000-2011. Fonte: Anuário estatístico de Gdynia 2011.

Os edifícios anteriores à guerra representam 13% do parque habitacional de Gdynia. A maioria dos habitantes vive em habitações multifamiliares ditas "de baixo custo", com pequenos apartamentos (em Chylonia - 76,%, em Witomino - 79,9%). Nos últimos anos, estão a ser construídos apartamentos maiores (média de 80,8 m2 por apartamento). No entanto, não existe uma tendência típica para as habitações concluídas e esta é sensível às alterações das condições do mercado imobiliário (imagem 14).

9.2. Condições e inventário do parque habitacional existente e localização, tipos e dimensões das habitações

De acordo com os documentos e estudos de planeamento e com o Anuário Estatístico de Gdynia de 2001, os recursos habitacionais em Gdynia no final de 2011 ascendiam a 106 200 fogos com uma área total de 6 585 900 m2 , sendo que este número continua a aumentar. A dimensão média de um apartamento em 2011 era de 62 m2 , com uma média de 2,34 pessoas por apartamento. Como se pode ver no Quadro 1, a cada ano que passa, os indicadores que mostram as condições do parque habitacional estão a melhorar.

9.3. Alturas dos edifícios

A altura dos edifícios em Gdynia depende do seu tipo e do tempo de construção. Existem alguns indicadores normalizados relacionados com a altura dos diferentes tipos de habitação, introduzidos nos documentos de planeamento municipal:

• para habitações unifamiliares e pequenas moradias isoladas, o limite máximo é de 12 metros acima do nível do solo, mas pode ser reduzido consoante as condições locais e os edifícios existentes ou as questões paisagísticas;

• para habitações multifamiliares, construídas especialmente nas zonas ocidentais de Gdynia ou como complemento de edifícios existentes, o máximo é de 18 m acima do nível do solo (até 5 andares);

• para habitações multifamiliares e edifícios comerciais no centro da cidade e em centros comerciais, a altura máxima é de 24 m acima do nível do solo (até 6-7 pisos). 24 m acima do nível do solo (até 6-7 andares), localmente até 30 metros (SUiKZP, 2008).

O impacto da altura dos edifícios no tecido urbano depende do nível do solo variado e ondulado de Gdynia, ligado à paisagem pós-glaciar. Graças à divisão clara da localização dos diferentes tipos de habitação, não existem grandes contrastes no tecido urbano. Existem apenas 9 arranha-céus em Gdynia (acima de 49 metros de altura) - 4 no centro da cidade, 3 no distrito de Redlowo e 2 como dominantes nas zonas habitacionais. No entanto, devido à paisagem variada mencionada, não têm um efeito negativo no panorama da cidade e os arranha-céus de utilização mista Sea Towers, que dominam a paisagem urbana, tornaram-se um novo símbolo de Gdynia.

9.4. Equipamento energético típico e combustíveis na habitação

A energia nas habitações de Gdynia é distribuída com base no Sistema Elétrico Nacional através de linhas eléctricas de alta e média tensão. As necessidades de aquecimento são satisfeitas principalmente pelo aquecimento urbano (55,7%) ou por fontes individuais (28,3%) (Plano de fornecimento de calor, eletricidade e gás combustível (...), 2012). O combustível de base utilizado nas centrais térmicas e nas caldeiras é o carvão e o mazute, mas em 2008 iniciou-se a co-combustão de biomassa com carvão, o que produz a chamada energia verde. Algumas das fontes individuais utilizam óleo de aquecimento ou gás natural. O valor médio das perdas de transmissão nas redes de aquecimento é de aproximadamente 16%. Existem alguns investimentos ambientais em Gdynia, que visam reduzir as emissões, por exemplo, a construção de um sistema de limpeza de gases de combustão que permitirá reduzir as emissões de compostos de enxofre e azoto em toda a região da Pomerânia. Estão também a ser introduzidos alguns projectos financiados pela UE, que visam convencer os habitantes que utilizam carvão ou coque a ligarem-se ao aquecimento urbano (como "KAWKA para a Pomerânia - limitar as baixas emissões"). Foi também efectuada uma análise para avaliar a possibilidade de introduzir fontes de energia renováveis em Gdynia, que mostrou que a melhor solução seria introduzir painéis solares de aquecimento ou bombas de calor em habitações isoladas e pequenos edifícios públicos, especialmente para aquecer a água, enquanto não existem pré-requisitos económicos e infra-estruturais para a utilização de redes de energia eólica, biogás, pequenas centrais hidroeléctricas, centrais geotérmicas de calor ou calor em aparas de madeira e palha de alta potência (acima de 50 MW) em Gdynia - excluindo as áreas periféricas de potenciais terrenos de desenvolvimento (Plano de fornecimento de calor, eletricidade e gás combustível (...), 2012). Embora a maioria das casas em Gdynia utilize as ligações infra-estruturais do distrito, não cumprem os requisitos da tecnologia inteligente. Quase todas as habitações têm o seu próprio contador de água e eletricidade, mas não estão ligadas a um sistema informático. Não existe um sistema de medição e de gestão da informação que deles emana. Este tipo de informação só é utilizado a uma escala local, por utilizadores individuais que têm as suas próprias fontes de aquecimento. Esta é a principal razão pela qual ainda existem enormes problemas com a gestão de toda a rede energética em caso de falha de energia.

9.5. Edifícios e terrenos vagos e tendências no desenvolvimento espacial de Gdynia

No centro da cidade de Gdynia existem algumas reservas de terreno devido à não execução dos planos de construção anteriores à guerra. Algumas delas já estão a ser construídas (investimento Baltic Plaza), outras estão ainda em fase de planeamento. Em resultado da redução da atividade de algumas entidades empresariais, existem novas possibilidades de requalificação dessas áreas, que na sua maioria se situam perto do centro da cidade (SUiKZP, 2008). As maiores são: a área dos camiões ferroviários que servem as frentes de água e o antigo estaleiro (Nauta) e as empresas de pesca (Dalmor) localizadas na vizinhança do centro da cidade, a norte. Estas zonas são particularmente atractivas devido ao seu acesso único ao mar. Para a maior parte deles, já foram preparados planos de desenvolvimento espacial e o município está agora à procura de investidores. Há também alguns edifícios devolutos localizados noutras partes de Gdynia: zonas pós-militares no norte, edifícios de habitação precários (Leszczynki) ou hotéis abandonados (Orlowo).

Nos últimos 15 anos, observaram-se duas grandes tendências no desenvolvimento de Gdynia. Uma é a renovação dos edifícios existentes no centro da cidade, especialmente os edifícios de escritórios e comerciais. Esta tendência está relacionada com o facto de o desenvolvimento espacial do centro da cidade ser impossível devido à barreira a norte - o estaleiro e as empresas marítimas. Em segundo lugar, o desenvolvimento da zona habitacional na parte ocidental (Gdynia-Zachod, a oeste de Obwodnica Trojmiejska) e na parte norte de Gdynia (adjacente ao município de Kosakowo) (SUiKZP, 2008). Este segundo processo ainda está em curso e prevê-se que continue no futuro, e como estas áreas estão localizadas longe do centro da cidade, o município de Gdynia tem um enorme desafio para cumprir as suas obrigações e apoiar este desenvolvimento espacial. Para tal, são necessários investimentos em infra-estruturas, como a possibilidade de recolha de águas residuais e pluviais em Gdynia-Zachod e a realização do sistema rodoviário que liga o centro da cidade às zonas em desenvolvimento. Em segundo lugar, a cooperação dos municípios (especialmente no norte, com o município de Kosakowo) é essencial. Infelizmente, em muitos casos, os municípios preferem competir do que cooperar uns com os outros. Além disso, é necessário efetuar mudanças nos transportes públicos. Tudo o que foi mencionado está associado a custos elevados, para os quais a cidade não está totalmente preparada. A possibilidade de dispersão do investimento e, consequentemente, a introdução de soluções ineficientes ou de qualidade inferior (SUiKZP, 2008), também ameaça a situação.

10.0. Sistema de transporte
10.1. Sistema de transportes existente

O sistema de transportes (foto 15) em Gdynia é constituído pela rede rodoviária, linhas de caminho de ferro, sistema de transportes públicos, zona de estacionamento pago, rede de estradas para ciclistas e ligações de ferries. As ligações aéreas nacionais e internacionais de Gdynia são asseguradas pelo aeroporto de Gdansk Lech Walesa. O aeroporto de Gdynia-Kosakowo, atualmente encerrado devido à violação da legislação da União Europeia, poderia também ser uma parte importante do sistema de transportes de Gdynia.

A estação ferroviária de Gdynia Glowna é uma das estações mais importantes da Polónia. A maioria das ligações ferroviárias começa ou termina aqui os seus percursos.

A infraestrutura de transportes em Gdynia desempenha um papel importante na ligação e integração dos transportes terrestres e marítimos a nível nacional e internacional. As partes mais importantes deste sistema são:

- Estrada nacional n.º 6 (E28) Goleniow-Koszalin-Slupsk-Gdansk;
- Estrada nacional n.º 20 Stargard Szczecihski-Szczecinek-Koscierzyna- Gdynia;
- Linha de caminho de ferro E65 (Varsóvia-Gdansk e Gdansk-Gdynia);
- O porto de Gdynia.

O sistema de transportes a nível regional é composto por:

- Estrada provincial n.º 468 Gdynia-Gdansk (que liga a cidade à estrada nacional n.º 1, Gdahsk-Lodz-Cieszyn e à estrada nacional n.º 7 Gdahsk-Varsóvia-Chyzne);
- Estrada provincial n.º 474 (Rua Chwaszczyhska, Rua Wielkopolska) que liga a cidade à estrada nacional n.º 20 que conduz aos municípios e condados da região dos lagos Kashubian e que se situa na parte ocidental da província;
- Linha de caminho de ferro n.º 213 Gdynia-Hei;
- Linha de caminho de ferro n.º 201 Gdynia-Koscierzyna (SUiKZP, 2008).

10.2. A rede rodoviária da cidade e os seus problemas

A rede rodoviária existente em Gdynia inclui:

* Tricity Beltway (S 2/2) - que liga o porto de Gdynia à autoestrada Al e conduz o tráfego de trânsito para fora do centro da cidade;

* Estradas principais: Morska St., Slqska St., Pilsudskiego Av., Wladyslawa IV St. e Zwyci^stwa Av., que é a parte mais importante da rede rodoviária de Gdynia - a espinha dorsal do tráfego da cidade, que o conduz por toda a Tricity;

* Ruas de ligação: Wielkopolska St. e Chwaszczyhska St. que ligam os distritos ocidentais e as áreas suburbanas ao centro da cidade;

* Ruas de ligação: Wladyslawa IV St., Jana z Kolna St., Wisniewskiego St., que ligam a zona industrial e portuária às zonas residenciais;

* A estrada Kwiatkowski, que liga a zona portuária e as zonas residenciais à Tricity Beltway.

No total, a rede tem um comprimento de 396,5 km, incluindo a estrada nacional - 5,8 km, estradas regionais - 17,9 km, estradas poviat - 112,5 km e estradas locais - 260,3 km (SUiKZP, 2008).

O sistema rodoviário existente é inadequado. Os principais problemas são o congestionamento e o ruído. As estradas mais congestionadas durante as horas de ponta incluem a Rua Morska (especialmente a parte que vai do centro da cidade até à Estrada Kwiatkowski e da Tricity Beltway até Rumia), a Rua Janka Wisniewskiego até à Estrada Kwiatkowski, a Rua Kwiatkowski e a Rua Wielkopolska, a Av. Zwyci^stwa e a Rua Chwaszczyhska. O principal problema da parte norte de Gdynia é a baixa capacidade das estradas que servem de extensão da estrada Kwiatkowski em direção aos bairros suburbanos e às zonas residenciais. Outro problema importante é a falta de ligação rodoviária entre os distritos ocidentais e o centro de Gdynia. Existe apenas uma estrada - a rua Chwarznienska, com duas faixas de rodagem em ambas as direcções. Gdynia acumula tráfego de trânsito, turístico e pendular - não só dentro da cidade, mas também de cidades vizinhas. Nas estradas que fazem parte dos corredores de transporte nacionais, existe um sistema de portagem eletrónica. Este sistema permite que os condutores de camiões de transporte paguem a portagem com um dispositivo eletrónico instalado no veículo.

10.3. Sistema de estacionamento

Outro problema importante de Gdynia é a falta de lugares de estacionamento no centro da cidade. Para reduzir a dimensão deste problema, as autoridades introduziram uma zona de estacionamento pago que cobre quase todo o centro da cidade. O espaço de estacionamento existente no centro da cidade é inadequado e parece que a Câmara Municipal não tem nenhuma solução eficaz para este problema. A taxa de estacionamento no centro da cidade é paga num dos numerosos parquímetros, alguns dos quais são alimentados por energia solar. O pagamento pode ser efectuado em dinheiro, com cartão pré-pago ou por SMS. Para os residentes, existe também a possibilidade de comprar uma assinatura (Strefa Platnego Parkowania w Gdyni, 2014).

10.4. Sistema de estradas para ciclistas

A rede de ciclovias em Gdynia é altamente incoerente. É amplamente considerada a pior rede ciclável da Tricity. Não existem ligações entre as principais rotas cicláveis e muitas delas estão em mau estado. Gdynia não dispõe de um sistema de aluguer de bicicletas urbano semelhante ao existente na maioria das grandes cidades da Polónia (por exemplo, Veturilo em Varsóvia) e da Europa (por exemplo, Barclays Cycle Hire em Londres). Gdynia tem boas condições para o desenvolvimento do ciclismo, tendo em conta a sua longa linha costeira e a sua localização pitoresca. O comprimento total das rotas de ciclismo em Gdynia é de cerca de 50,2 km. Gdynia está a participar na iniciativa comum de Gdansk, Sopot e Gdynia para melhorar o sistema de ciclismo em toda a aglomeração. O projeto envolve a expansão das ciclovias existentes, ligações entre as cidades e a construção de lugares de estacionamento para bicicletas (Gdynia Turystyczna, 2014).

10.5. Zonas pedonais e transportes públicos

Há muito poucas zonas pedonais dedicadas em Gdynia. A maioria das principais atracções turísticas é dominada por automóveis (por exemplo, o Cais do Sul, a Rua Swi^tojariska). Gdynia está a participar no projeto Civitas Dyn@mo, que visa ajudar as cidades a criar zonas pedonais seguras e a reduzir a taxa de motorização e a procura de transportes, que são os próximos problemas de Gdynia. A quota-parte do automóvel na estrutura de transportes da cidade é de cerca de 47%, enquanto os transportes urbanos ascendem a 52% e a bicicleta a 1% (ZDiZ Gdynia, 2011). Gdynia tem um sistema de transportes públicos moderno e muito bem organizado, com comboios urbanos rápidos (11 km e 9 paragens), tróleis (37 km e 12 linhas) e autocarros (177 km e 84 linhas). A cidade tem um dos sistemas de tróleis mais modernos da Europa, que em 2014 foi reconhecido como o melhor da Europa pela Comissão Europeia (Regiostars 2014). A maioria dos autocarros em Gdynia são de piso baixo. Alguns deles são movidos a GPL ou têm motores híbridos. Gdynia tem um sistema de informação aos passageiros, que está atualmente (em agosto de 2014) em fase de implementação e faz parte do sistema Tristar. Não existem máquinas automáticas de venda de bilhetes, mas os passageiros também podem comprar bilhetes por telemóvel ou utilizar cartões com chip. Não existem faixas de rodagem para autocarros em Gdynia, pelo que os veículos de transporte público estão por vezes sobrelotados e sem pontualidade devido ao congestionamento do tráfego nas horas de ponta (ZKM Gdynia, 2014).

10.6. Sistema de transporte de água

Apesar da sua localização costeira, Gdynia não explora plenamente os benefícios do acesso à água. A cidade não dispõe de um sistema interno de transporte por água. Os únicos serviços regulares são efectuados durante o verão nas rotas Gdynia-Hei-Gdynia, Gdynia-Sopot-Gdynia e Gdynia-Jastamia-Gdynia. Os percursos são efectuados por hydrofoils e catamarãs (Zegluga Gdahska, 2014). Gdynia tem também uma ligação internacional regular de ferry para Karlskrona (duas vezes por dia) e Helsínquia (duas vezes por semana). Os ferries destas linhas atracam em duas frentes de água diferentes. O porto de Gdynia está a planear a construção de um grande terminal de ferries moderno antes do final de 2016 (Port of Gdynia

Authority SA, 2014).

1.1. . Serviços públicos em Gdynia
1.2. . Abastecimento de água

Gdynia é abastecida pelo seu próprio sistema de abastecimento de água, que abrange 4 municípios: Gdynia, Rumia, Rada e parte da comuna de Kosakowo (União Comunitária "Dolina Rady i Chylonki") (imagem 16). Atualmente, o abastecimento de água de Gdynia é feito a partir de 6 captações de água subterrânea.

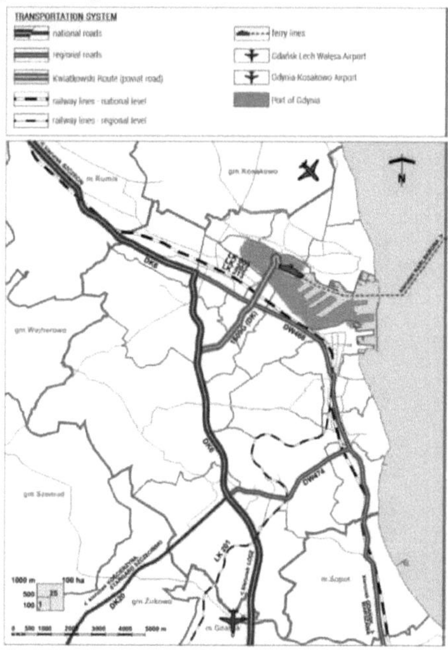

16. Sistema de transportes.

Fonte: Studium uwarunkowan i kierunkow zagospodarowania przestrzennego Gdyni,.

O comprimento total do sistema de abastecimento de água é de 675 km, incluindo cerca de 92 km de condutas principais - que fornecem água a mais de 98% dos cidadãos.

Grandes diferenças no nível do solo exigiram a criação de 5 zonas principais de pressão de água. Os principais elementos do sistema são tanques de água limpa.

Os pontos fortes do abastecimento de água em Gdynia são:

- reserva no desempenho de todo o sistema de abastecimento de água;
- ausência de ameaça de défice hídrico;
- boa pressão da água em cada uma das 5 zonas principais;
- tecnologia recentemente modernizada de tratamento de água;

Os pontos fracos do abastecimento de água em Gdynia são:

- disposição incorrecta das condutas principais nas zonas mais próximas da água (o chamado "terraço inferior");
- proteção insuficiente das águas subterrâneas em algumas tomadas de água.

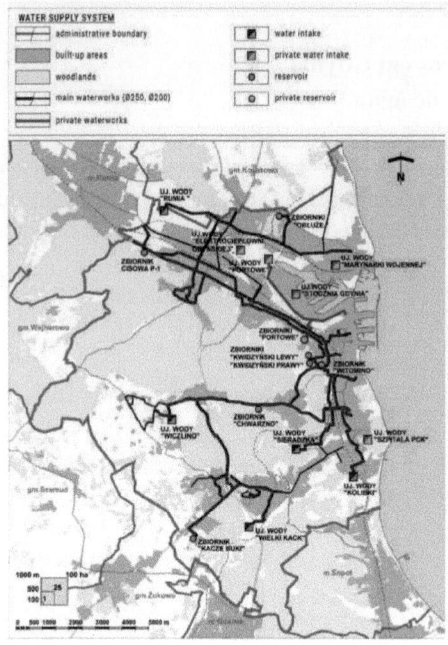

Abastecimento de água.

Fonte: Studium uwarunkowan i kierunkow zagospodarowania przestrzennego miasta Gdyni.

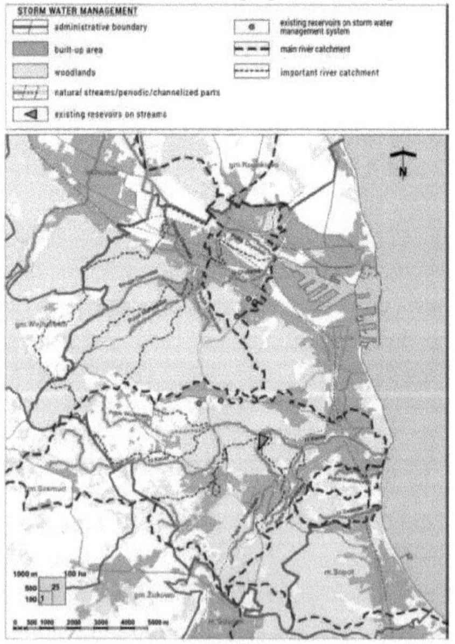

Gestão das águas pluviais.

Fonte: Studium uwarunkowan i kierunkow zagospodarowania przestrzennego miasta Gdyni.

1.3. . Gestão das águas pluviais

Gdynia, graças à sua localização perto da Baía de Gdansk, pode construir um sistema de gestão de águas pluviais principalmente em cursos de água naturais. Este sistema é também apoiado pelo sistema de esgotos.

A gestão das águas pluviais funciona melhor na parte central de Gdynia: centro da cidade, Colina de São Maximiliano, Redlowo e Witomino. Os restantes bairros de Gdynia dispõem de um sistema fragmentado, construído principalmente para os bairros residenciais.

Os cursos de água subterrâneos que fazem parte da gestão das águas pluviais estão localizados na parte sudoeste e sul da cidade. São eles:

- Struga Cisowska e os seus afluentes;
- Rio Chylonka e seus afluentes;
- Rio Kacza e seus afluentes;
- Fluxo de Kolibkowski;
- Rio Swelinia.

Infelizmente, há muitos problemas relacionados com a gestão das águas pluviais. O principal é o facto de todo o sistema se encontrar em mau estado, o que é um efeito da capacidade insuficiente de alguns esgotos e dos cursos de água e rios naturais. Outro problema é um sistema ineficaz de limpeza das águas pluviais antes de serem encaminhadas para a baía de Gdansk.

De acordo com o documento da SUiKZ, não existem sistemas de reutilização de águas pluviais limpas em Gdynia e não está previsto nenhum.

1.4. . Gestão das águas residuais

A cidade de Gdynia é servida por um sistema distributivo de gestão de águas residuais com bombas de gravidade. Todos os resíduos são enviados para a estação de tratamento de águas residuais "D^BOGORZE", localizada no município de Kosakowo. O sistema cobre a área das cidades: Gdynia, Rumia, Reda, Wejherowo e comunas: Kosakowo, parte de Puck, parte de Szemud.

As águas residuais tratadas são transferidas por um esgoto coberto para a aldeia de Mechelinki e, a partir daí, por um tubo subaquático, ao longo de 2 km, para a baía de Puck. A eficiência das estações de tratamento de águas residuais, após a sua modernização e expansão, tornou-se um ponto forte na gestão das águas residuais. No entanto, a eficiência de todo o sistema depende também do estado dos esgotos. Estes ainda estão a ser mantidos e desenvolvidos (cobrem cerca de 98% das áreas habitacionais existentes), mas algumas partes precisam de ser renovadas.

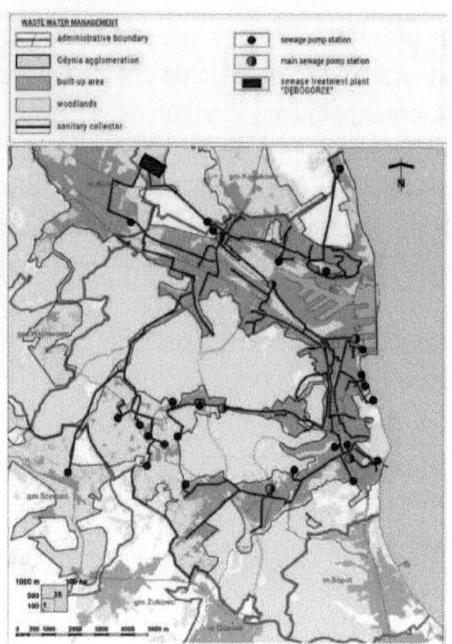

19. Gestão das águas residuais.

Fonte: Studium uwarunkowan i kierunkow zagospodarowania przestrzennego miasta Gdyni.

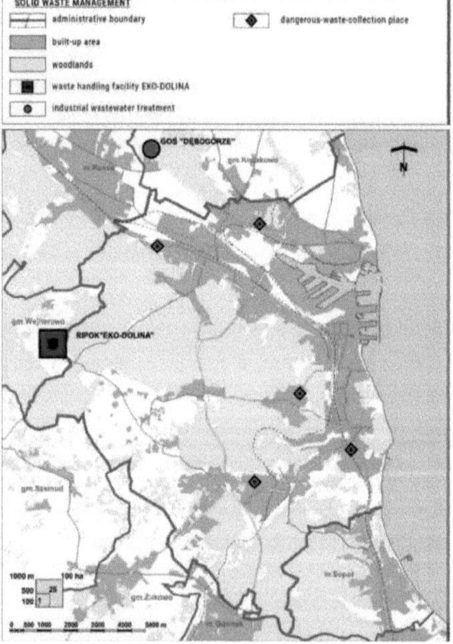

20. Gestão de resíduos sólidos.

Fonte: Studium uwarunkowan i kierunkow zagospodarowania przestrzennego miasta Gdyni.

1.5. Gestão de resíduos sólidos

Gdynia tem um sistema organizado de recolha de resíduos sólidos. São implementados sucessivamente programas de recolha selectiva de resíduos. Isto leva à redução dos resíduos sólidos deixados no aterro. A recolha selectiva de resíduos inclui: medicamentos, pilhas, resíduos perigosos, resíduos volumosos, resíduos pós-construção.

A instalação regional de tratamento de resíduos sólidos está situada na comuna de Wejherowo. Recolhe os resíduos das cidades: Gdynia, Reda, Rumia, Wejherowo, Sopot e das comunas: Wejherowo, Kosakowo, Szemud e Luzino. A quantidade de resíduos sólidos recolhidos em Gdynia em 2012 está estimada em 124 8191.

1.6. Fornecimento e utilização das TIC

Em Gdynia, a maioria dos serviços de TIC é fornecida por empresas privadas individuais. Esta prestação baseia-se no mercado livre. Há muitas empresas que oferecem diferentes tipos de serviços que podem ser adaptados ao cliente.

O fornecimento de TIC não é coordenado pelo governo local. No entanto, o orçamento municipal de 2014 afectou 21,77% das suas despesas totais aos transportes e às comunicações (que incluem os transportes públicos).

1.7. Produção, transporte, distribuição e armazenamento de energia

As fontes de produção de energia em Gdynia são:

- Central eléctrica em Gdynia, pertencente à EDF Wybrzeze S.A.

- Sistema nacional de energia (Krajowy System Elektroenergetyczny - KSE) A carga dos transformadores situa-se a um nível de 50-70%. De acordo com o documento SUiKZ, não existem problemas relacionados com o transporte, a distribuição ou a produção de energia.

O consumo de energia não é muito elevado, mas não existem fontes de energia renováveis. O único aspeto ecológico da produção de energia é a utilização de biomassa juntamente com a fonte convencional (carvão). Esta forma de produção de energia é, no entanto, mais cara.

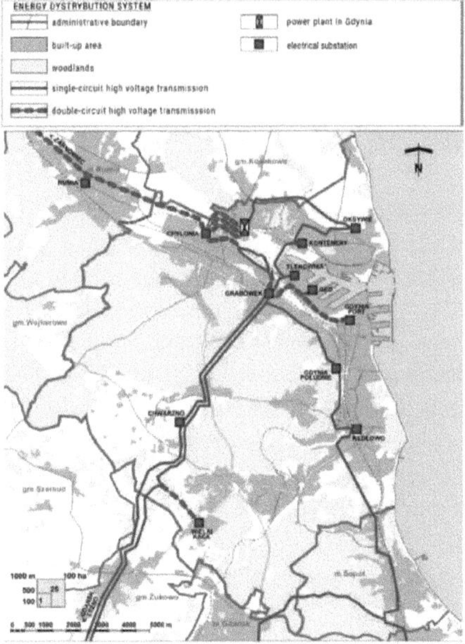

21. Sistema de energia.

Fonte: Studium uwarunkowan i kierunkow zagospodarowania przestrzennego miasta Gdyni.

21.1. Condições socioeconómicas
21.2. Caraterísticas da população

De acordo com os dados recolhidos pelo Serviço Central de Estatística da Polónia (Glowny Urz^d Statystyczny), Gdynia é a 12ª cidade da Polónia em termos de dimensão da população. Em 31 de dezembro de 2013, a população de Gdynia era de 248042, menos 684 habitantes do que no ano anterior. A diminuição foi causada principalmente pela migração - 2987 pessoas mudaram-se para Gdynia, enquanto 3502 saíram da cidade. A taxa de crescimento natural também foi negativa (2150 nascimentos e 2438 mortes). Ambas as tendências já eram visíveis nos últimos anos. (Fonte: Informação estatística trimestral)

No final de 2013, as mulheres representavam 52,6% da população, com um rácio de 111 mulheres para 100 homens.

População em idade:

- pré-trabalho 39 508;
- trabalhando 153 492;
- pós-trabalho 55 042.

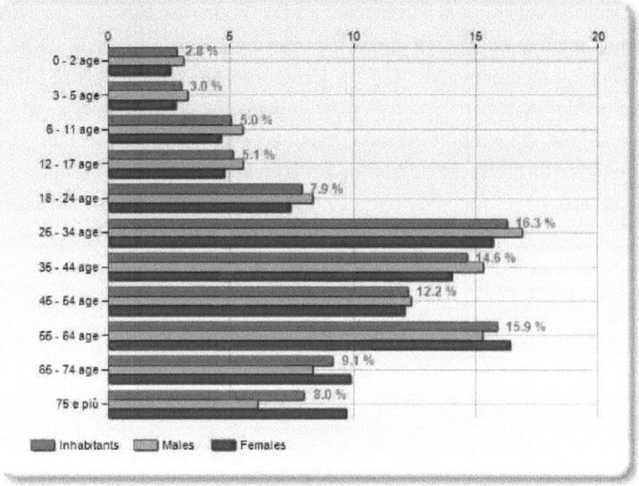

22. Classes etárias em Gdynia a partir de 2012.
Fonte: UrbiStat.

Desde 1990, a percentagem de crianças e jovens (0-17 anos) na população total diminuiu de 26,8% para 15,9%. As alterações na esperança de vida conduziram a um aumento drástico da população em idade pós-ativa - de 11,9% em 1990 para 22,2% em 2013.

21.3. Caraterísticas da população ativa

Como é comum nas grandes cidades da Polónia, a situação no mercado de trabalho é melhor do que a média nacional. Em 31 de março de 2014, a taxa de desemprego em Gdynia era de 6,6%. O mesmo índice para a região de Pomorskie Voivodship era de 13,4% e para todo o país - 13,5%. Do número total de desempregados, 57,2% eram mulheres. O maior grupo etário entre os desempregados era constituído por pessoas com idades compreendidas entre os 25 e os 34 anos - 28%. Quanto às qualificações, as estatísticas são semelhantes tanto para as pessoas sem qualificações ou com poucas qualificações (51,9%) como para os trabalhadores qualificados (48,1%). Do total de desempregados registados, 31,1% estão inscritos há mais de um ano. Este grupo, com dificuldades particulares em encontrar um emprego estável, inclui, entre outros, pessoas com deficiência e pessoas com mais de 50 anos.

O número de entidades empresariais registadas em Gdynia, em 31 de março de 2014, ascendia a 37582, o que representa um aumento de 2,7% em comparação com o número registado há um ano. Os sectores de mercado mais populares são:

- vendas (incluindo reparação de automóveis) - 21,2%;
- indústria-12,7%;
- construção-10%.

95,7% das entidades registadas são microempresas (empregam até 9 pessoas). Apenas 8 empresas registadas em Gdynia empregam mais de 1000 trabalhadores. O sector público representa 1,2% do mercado.

Desde 2001, Gdynia tem vindo a implementar o programa Enterprising Gdynia. O objetivo do programa é promover o espírito empresarial entre os habitantes de Gdynia. As iniciativas destinam-se a (Website of Gdynia Entrepreneurship Support Centre):

- aumentar a competitividade da economia de Gdynia através do desenvolvimento do sector das PME;
- apoiar a atividade económica das empresas locais;
- promover a ideia de criar a sua própria empresa - incluindo entre as pessoas com deficiência;
- mobilizar o mercado de trabalho local e prevenir o desemprego;
- apoiar o desenvolvimento de empresas inovadoras.

No âmbito do programa, foi criado o Centro de Apoio ao Empreendedorismo de Gdynia (Gdyhskie Centrum Wspierania Przedsi^biorczosci). Neste centro, os cidadãos que pretendam iniciar actividades empresariais recebem informações sobre os procedimentos de registo e conhecimentos práticos sobre possíveis fontes de financiamento adicional, por exemplo, de instituições de apoio às empresas e da União Europeia.

21.4. Custo de vida

É difícil discutir o custo de vida em Gdynia com base em dados objectivos, uma vez que o Serviço Central de Estatística não fornece essa informação ao nível da cidade. Por conseguinte, será aqui apresentado um conjunto de dados recolhidos de forma diversa. De acordo com as estatísticas recolhidas pela página Web Numbeo.com, os preços dos bens de consumo em Gdynia são cerca de 46% mais baratos do que os preços médios na cidade de Nova Iorque (uma vez que a Numbeo utiliza a cidade de Nova Iorque como ponto de referência para todos os seus índices). Este índice para Gdynia (54,2) é superior ao índice médio para a Polónia (51,86).

Segundo a mesma fonte, o poder de compra local em Gdynia é 45% inferior ao da cidade de Nova Iorque. Em média, os preços em Gdynia são ligeiramente mais elevados (cerca de 4%) do que a média nacional, mas ainda assim cerca de 5% mais baixos do que os preços em Varsóvia. No entanto, estas estatísticas baseiam-se num pequeno número de registos de voluntários.

Em março de 2014, Anna Dobiegala, jornalista da Gazeta Wyborcza, analisou as contas de um habitante médio solteiro de uma das oito cidades polacas. Nos seus dados, incluiu: a renda de um apartamento de um município (com aquecimento central, num edifício novo ou recentemente renovado num bom bairro), o custo da água, o tratamento de esgotos, a recolha de lixo e um passe mensal para os transportes públicos. Partiu do princípio de que a pessoa média considerada se desloca de autocarro ou elétrico e vive num apartamento de 40 m2 . Entre as cidades consideradas (Varsóvia, Cracóvia, Poznan, Wroclaw, Lodz, Gdansk, Sopot, Gdynia), Gdynia revelou-se a menos dispendiosa. A diferença de quase 50% entre as cidades mais baratas e as mais caras (Gdansk) neste estudo resulta das baixas rendas das habitações municipais em Gdynia - as mais baixas da Polónia. Também o preço do passe mensal de 92zl é mais baixo do que, por exemplo, em Varsóvia e Poznan. A fatura média calculada ascendeu a 377zl em Gdynia, 460zl em Varsóvia e 560zl em Gdansk.

Outro fator importante no custo de vida é o preço do apartamento. De acordo com um promotor imobiliário da Tricity, Archideon, o preço médio por metro quadrado de um apartamento recém-construído em Gdynia era de 6257,97zl em fevereiro de 2014. Isto significa que os novos apartamentos e casas são cerca de 8% mais caros em Gdynia do que em Gdansk (média de 5785,11zl). Os preços em Sopot, no entanto, são quase duas vezes mais altos do que em Gdynia.

PROPOSTAS

Este capítulo centrar-se-á na apresentação de soluções inteligentes para as infra-estruturas em Gdynia. Para organizar as propostas, será utilizada a classificação previamente estabelecida - divisão em Infra-estruturas de Transportes, Infra-estruturas Básicas de Abastecimento, Infra-estruturas Sociais, Ordem Pública e Proteção e Infra-estruturas Económicas.

3.0. Infra-estruturas de transporte

1.1. . Faixas de rodagem intermitentes para autocarros

Devido à localização à beira-mar, o sistema rodoviário em Gdynia baseia-se em duas estradas principais em direcções NS: Tricity Beltway e a linha Morska St.- Slqska St. - Zwyci^stwa St, o que provoca muito tráfego nas horas de ponta. Além disso, a maioria das zonas residenciais situa-se na zona ocidental da cidade, enquanto o centro da cidade, com a maioria dos locais de trabalho, se situa perto da costa marítima. Esta situação resulta em congestionamento durante a manhã, em direção ao centro da cidade, e à tarde, no sentido exterior, em todas as estradas que ligam a parte à beira-mar à zona residencial. Durante o resto do dia, há poucos problemas de tráfego, pelo que o nível de utilização das estradas é muito diversificado.

23. Faixas de Autocarro Intermitentes - introdução em Lisboa.
Fonte: www.edroga.pl

Uma das soluções poderia ser a introdução de faixas intermitentes para autocarros - faixas temporárias para autocarros e carrinhos, que mudam quando é necessário. Isto dá prioridade aos transportes públicos, que são mais ecológicos e amigos do ambiente do que os automóveis individuais. As faixas dinâmicas para autocarros são separadas por um curto período de tempo, apenas para a passagem de autocarros. São activadas quando a velocidade do autocarro é inferior à velocidade aceite, que é necessária para circular entre as paragens de autocarro de acordo com o horário. Se a velocidade for inferior à esperada, o sistema ITS começa a fazer piscar as lâmpadas LED que estão montadas na estrada. Nas ruas principais (Morska-Sl^ska-Zwyci^stwa) e nas ligações entre as zonas residenciais e o centro da cidade, que têm mais de uma faixa de rodagem, haverá um sistema de painéis informativos por cima das faixas de rodagem, bem como marcas luminosas interactivas ao nível do solo. Este sistema seria integrado com o sistema Tristar, pelo que a situação nas estradas seria continuamente monitorizada, permitindo a introdução de alterações sempre que necessário.

1.2. . Sistema de serviço público de bicicletas

Gdynia tem boas condições para o desenvolvimento do ciclismo, tendo em conta a sua longa linha costeira e a sua localização pitoresca. Apesar disso, não existe um sistema de aluguer de bicicletas que permita alterar a estrutura de transportes na cidade.

O sistema de serviço público de bicicletas deve fazer parte da autoridade de transportes públicos de Gdynia e ser financiado pelo orçamento da cidade. O sistema seria composto por dois subsistemas:

• estações de bicicletas que permitiriam deslocar-se das zonas residenciais para o centro da cidade;

• estações de bicicletas localizadas no centro da cidade e ao longo da costa, que seriam dedicadas principalmente aos turistas.

O aluguer de bicicletas poderá ser gratuito para os cidadãos de Gdynia que possuam um título de transporte público válido para a época. A taxa também poderia ser paga com um cartão de cidade sem contacto - o mesmo que é utilizado para comprar bilhetes de época para os transportes públicos. Os turistas seriam obrigados a pagar a taxa de aluguer de uma bicicleta através de um serviço pré-pago, de uma aplicação móvel ou por SMS. O estacionamento e a estação de bicicletas ficariam situados junto aos principais centros de transportes e zonas residenciais, o que permitiria aos residentes deslocarem-se de bicicleta urbana até à estação de comboio urbano rápido ou à paragem de autocarro mais próxima. Todas as estações do Sistema de Serviço Público de Bicicletas devem ser alimentadas por energia solar e integradas no Sistema Tristar, que permitirá controlar a disponibilidade de bicicletas em várias partes da cidade. Além disso, os residentes devem poder verificar a sua disponibilidade, comunicar a sua ausência ou avaria através de uma aplicação móvel.

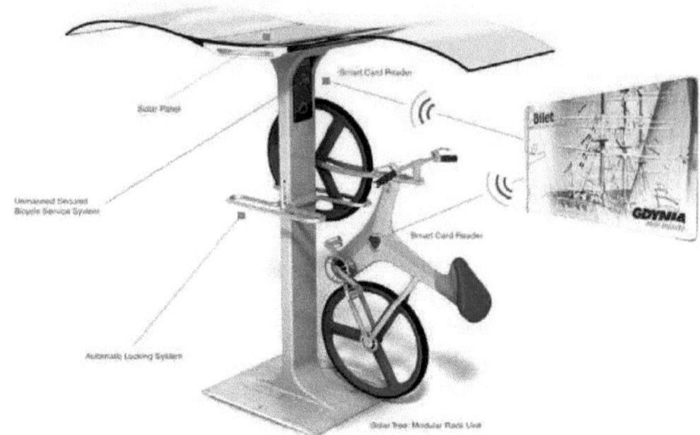

24. Estação de ancoragem do Sistema de Serviço Público de Bicicletas. Fonte:
www.continuuminnovation.com

1.3. . Sistema de estacionamento

Os habitantes da cidade devem deslocar-se em transportes públicos inteligentes, modernos e inteligentes. Para apoiar as mudanças de comportamento dos habitantes no espaço urbano, propõe-se a construção de parques de estacionamento do tipo park & ride. Os parques de estacionamento situar-se-iam nos principais nós de ligação. Desta forma, seria permitido o acesso dos subúrbios ao nó de ligação mais próximo e a continuação da viagem utilizando os transportes públicos. Esta medida melhorará o ambiente, reduzirá o ruído e aliviará as ruas da cidade. A zona de estacionamento pago deve ser mantida para que haja lugares de estacionamento gratuitos no centro da cidade. Um número crescente de cidadãos deve abandonar os meios de transporte individuais e utilizar os serviços públicos. Os lugares de estacionamento existentes e os novos devem ser integrados no sistema Tristar. Graças a isso, todos podem verificar a disponibilidade de lugares de estacionamento gratuitos através de uma aplicação móvel ou num sítio Web específico. O sistema deve ser complementado por um conjunto de tabelas que informem sobre o número de lugares de estacionamento gratuitos na cidade, na perspetiva dos condutores.

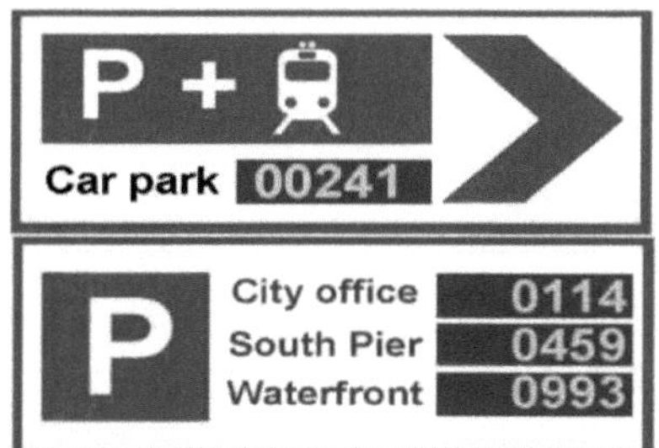

25. Sinais do sistema de estacionamento - exemplos. Autor: Krzysztof Stefaniak

26. Táxi aquático na cidade de Nova Iorque.
Fonte: www.theprosaictraveller.com

Passenger Information System:

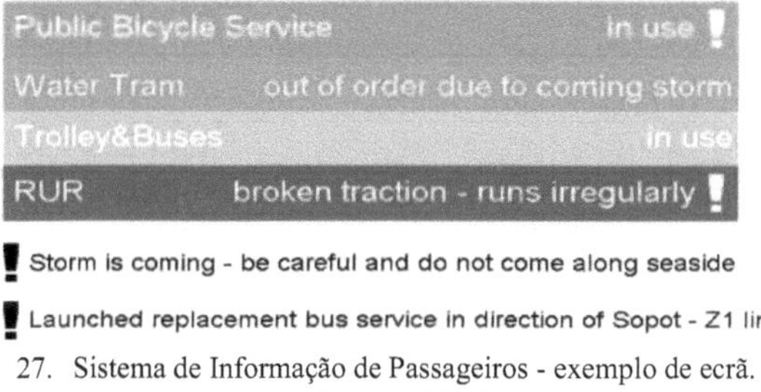

! Storm is coming - be careful and do not come along seaside

! Launched replacement bus service in direction of Sopot - Z1 lin

27. Sistema de Informação de Passageiros - exemplo de ecrã.
Autor: Krzysztof Stefaniak

Road Information System:

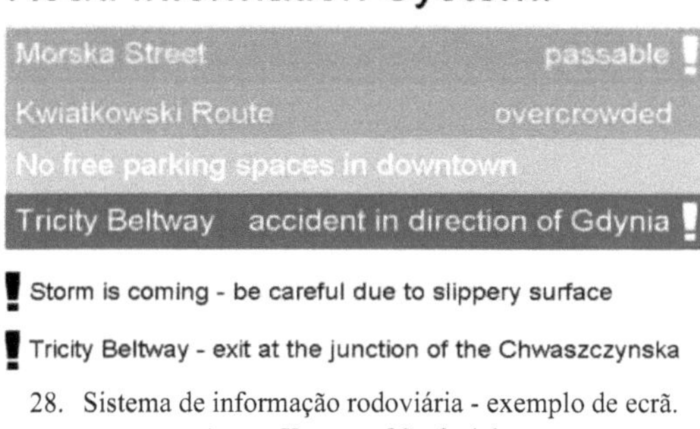

! Storm is coming - be careful due to slippery surface

! Tricity Beltway - exit at the junction of the Chwaszczynska

28. Sistema de informação rodoviária - exemplo de ecrã.
Autor: Krzysztof Stefaniak

28.4. Transporte por água

O sistema de transporte aquático existente deve ser complementado por um táxi aquático. Este tipo de transporte permitiria uma deslocação rápida a partir das zonas costeiras, evitando as ruas mais congestionadas. Os táxis aquáticos poderiam também permitir viajar entre as cidades da Aglomeração Tricity. O serviço poderia ser gerido pela Autoridade de Transportes Públicos de Gdynia ou pela Área Metropolitana de Gdansk. Os residentes poderiam utilizar os serviços com base em bilhetes de época e os turistas poderiam comprá-los em todas as máquinas de venda automática. O sistema poderia ser integrado com o elétrico aquático de Gdansk no distrito de Nowy Port, o que criaria um sistema coerente de transporte aquático que permitiria viajar por toda a Tricity.

Paragens de táxi aquático propostas:

- Gdynia - Babie Doty, Oksywie, Waterfront (atual Molo Rybackie), South Pier, Seaside Boulevard, Orlowo;
- Sopot - Cais;
- Gdansk - Jelitkowo, Brzezno, Nowy Port (poderia tornar-se parte do sistema de elétrico aquático de Gdansk).

28.5. Sistema de informação aos passageiros

O sistema de informação aos passageiros deve ser completado com ecrãs que apresentem informações actualizadas sobre o funcionamento dos transportes públicos. Os ecrãs também apresentariam dicas e avisos para os passageiros. Os ecrãs devem ser instalados junto às maiores paragens de autocarro e no centro da cidade. Devem ser instalados ecrãs muito semelhantes ao longo das principais estradas de Gdynia. Ambos os sistemas devem ser integrados com o sistema Tristar e permitir verificar as condições actuais da estrada em linha e através de uma aplicação móvel. Todos os serviços de transportes públicos devem ser pagos com o cartão da cidade. Isto significa que viajar em autocarros e tróleis, alugar uma bicicleta, pagar numa zona de estacionamento pago é possível com um único cartão - o cartão da cidade.

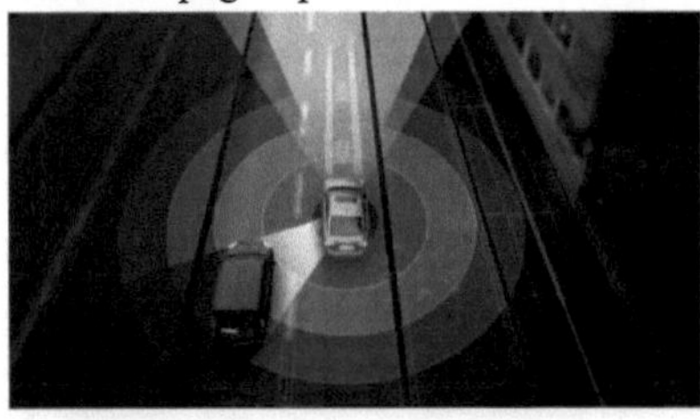

29. Projeto-piloto de condução autónoma e estacionamento automático da Volvo.
Fonte: www.caradvice.com.au/wp-content/uploads/2013/12/Volvo-autonomous-driving-pilot-project-2.jpg e www.euroinfrastructure.eu/wp-content/uploads/2014/05/volvo-auto-parking.jpg

1.6. . Mais rápido de carro

De acordo com um estudo realizado para o sítio Web Targeo com base em dados de 2011, o condutor que se desloca diariamente para o trabalho em Gdansk perde cerca de 6 horas e 14 minutos por mês preso em engarrafamentos. O utilizador médio de um automóvel perde 2 488PLN por ano desta forma. Existem muitas soluções para este problema - e uma que parece ser realmente futurista é a que se pode tornar um verdadeiro avanço.

Em algumas cidades (especialmente na Alemanha), o aluguer de automóveis é muito popular. As pessoas que querem usar um carro podem encontrar o mais próximo através de uma aplicação para smartphone e alugá-lo com um cartão especial ou apenas com um cartão de crédito. Mas o aluguer de automóveis, por si só, não resolve o problema. O que o pode resolver é o próximo conceito que está planeado para ser aplicado em Goteborg (Suécia) pela Volvo (fabricante de automóveis sueco). A Volvo tenciona implementar um sistema de carros que não necessitam da interferência do condutor. Segundo a Volvo, dentro de 3 anos haverá cerca de 50 km de trajectos possíveis. Esta não é apenas uma grande mudança na forma de conduzir, mas também pode alterar as caraterísticas do transporte pessoal na cidade. A condução automática pode minimizar os engarrafamentos - os automóveis que não dependem do condutor podem reagir mais rapidamente, conduzir mais suavemente e ser mais seguros para todos os utilizadores do tráfego (muitos engarrafamentos devem-se a acidentes que podem bloquear o tráfego numa grande área da cidade).

1.7. . Infra-estruturas básicas de abastecimento
1.8. . Geradores de energia renovável em condutas

Devido às diferenças de altura do terreno em Gdynia, a rede de condutas é conduzida em vários níveis sob o solo. Existe a possibilidade de tirar partido disso - uma nova tecnologia de energia hidroelétrica em condutas. Esta tecnologia recupera a energia da água que flui rapidamente nas condutas de grande diâmetro e alimentadas pela gravidade, o que permite produzir energia a baixo custo sem emissões de carbono. O sistema baseia-se em turbinas no interior das condutas, que giram à medida que a água passa através delas, sem perturbar a transferência de água. Esta solução foi introduzida por utilizadores industriais e agrícolas nos EUA, mas pode ser facilmente implementada na rede de condutas municipais de Gdynia.

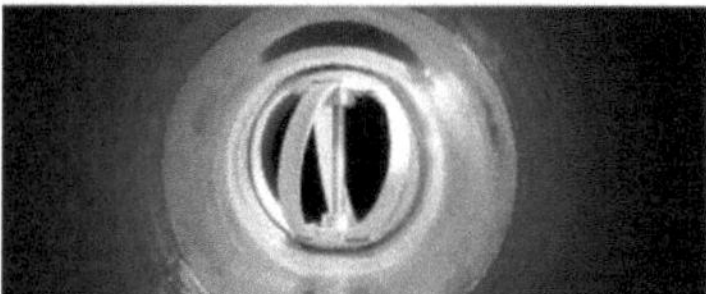

exemplo de geradores de energia em pipelines. Fonte: Relatório Sustainia, 2013.

1.9. . Sistemas de duche eficientes

Gdynia tem belas praias dentro das suas fronteiras, mas ainda existem alguns problemas com as suas infra-estruturas. Isto também diz respeito aos duches. No entanto, os chuveiros tradicionais são uma das maiores fontes de utilização de água nas casas europeias. Esta tecnologia de reciclagem de água purifica a água cinzenta até ao nível de qualidade potável, bombeia-a de volta para o sistema, reutiliza-a e deita-a fora depois de terminada a sessão de duche. Ajuda a reduzir o consumo de água e energia, porque a água utilizada já está aquecida, pelo que o sistema consome menos energia do que o normal. Uma solução semelhante foi introduzida na Suécia pela Orbital System e o resultado é que, normalmente, poupa até 90% de água e 80% de energia durante a sessão de duche. A instalação deste tipo de chuveiros perto das praias públicas de Gdynia não afectaria negativamente o ambiente e poderia ajudar a satisfazer as necessidades dos residentes e dos turistas.

1.10. Candeeiros de rua solares eólicos

No seu caminho para se tornar uma cidade inteligente com infra-estruturas inteligentes, Gdynia deve transformar as suas instalações quotidianas em instalações mais eficientes do ponto de vista energético. Devido às suas caraterísticas climáticas, a costa polaca é um dos melhores locais do país para instalar instalações que utilizem a energia solar e eólica. Este tipo de solução pode ser implementado nas ruas de Gdynia através da iluminação pública híbrida eólica-solar.

Este tipo de iluminação é composto por módulos solares e pequenas turbinas eólicas. Este sistema recolhe energia de ambas as fontes e armazena-a em baterias de ciclo profundo para alimentar as luzes de rua quando necessário. Esta fonte dupla pode fornecer um fluxo permanente de energia, especialmente porque, normalmente, nos dias nublados há muito vento. Este sistema também pode ser equipado com sensores especiais, que podem monitorizar a luz solar exterior e acender as lâmpadas, quando necessário, e não como hoje em dia - entre algumas horas específicas do dia. Isto pode ajudar a evitar o desperdício de energia e a responder às necessidades actuais.

31. Visualização iconográfica de um duche eficiente.
Fonte: Relatório Sustainia, 2014.

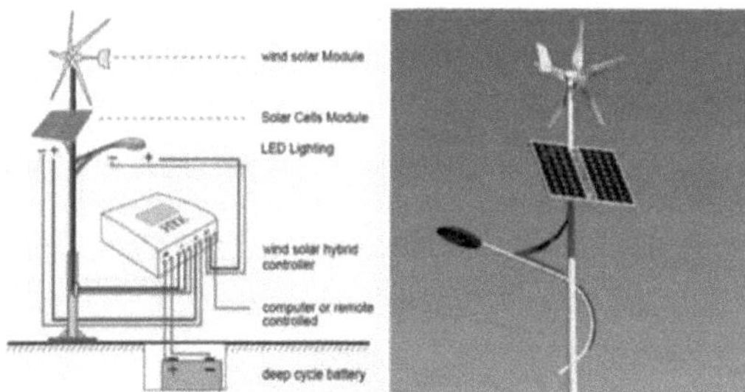

32. Visualização do sistema de iluminação inteligente e um exemplo da lâmpada
Fonte: www.hyenergy.com

14.4 . Bombas de calor portuárias

Trata-se de um sistema mecânico que retira o aquecimento e o arrefecimento da costa marítima aderente. O método utiliza a água do mar que passa ao longo do permutador de calor de titânio para evitar a corrosão da água retirada do mar. As bombas de calor retiram o arrefecimento ou o aquecimento do circuito de circulação, conforme necessário, e enviam-no para o aquecimento/arrefecimento perimetral do edifício. Este método deverá reduzir facilmente o custo do aquecimento das casas. No inverno, as temperaturas perto do fundo do mar (lado sul do Báltico) são de 5-6 graus Celsius. O projeto da ilha de Zira, no Azerbaijão, revela uma abordagem mais ambiciosa. Os edifícios da ilha utilizarão uma bomba de calor (ligada ao Mar Cáspio). As águas residuais e pluviais serão recicladas - serão encaminhadas para uma estação de tratamento de águas residuais, processadas e (no caso das águas pluviais) reutilizadas para irrigação. Os resíduos sólidos são compostados, processados e utilizados para fertilizar a terra.

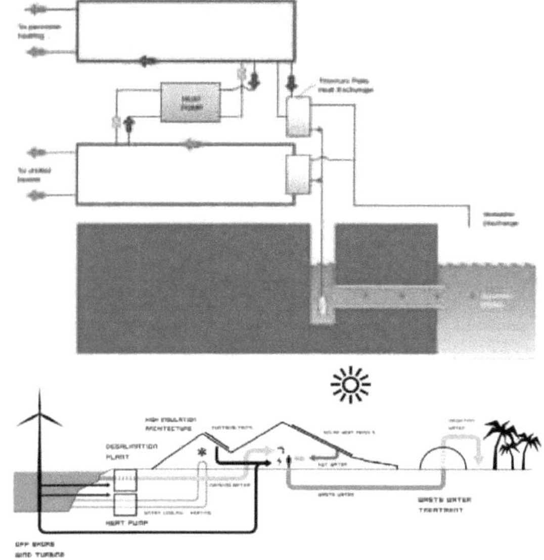

34. A visão da Ilha Zira.
Fonte: www.robaid.com/tech/green-architecture-zira-island-m-azerbaiian.htm

14.5 Casas flutuantes

Nos últimos anos, as casas flutuantes tornaram-se uma das soluções para as necessidades habitacionais actuais. Gdynia, sendo uma cidade à beira-mar, também deve poder oferecer essas oportunidades. Para tal, é necessária uma marina inteligente - para acolher unidades residenciais flutuantes, com os meios necessários, prontas a serem ligadas. Muitos exemplos deste tipo de habitação podem ser encontrados nos Países Baixos, onde bairros inteiros são formados por casas flutuantes, mas também se podem ver hotéis e restaurantes flutuantes.

35. Casas flutuantes - tecnologia móvel e modular
Fonte: www.floatinghouses.eu

35.6. Energia das ondas

A energia das ondas é uma fonte de energia renovável e amiga do ambiente, além de estar amplamente disponível. O sistema Searaser utiliza um pistão vertical entre duas bóias. Uma delas flutua à superfície da água e a outra está presa ao fundo do mar. À medida que a água se move, a flutuabilidade empurra a boia superior para cima e a gravidade puxa-a de volta para baixo. O pistão ligado bombeia água do mar pressurizada através dos tubos para uma turbina situada na costa - desta forma é produzida energia. No entanto, antes de utilizar esta tecnologia, devem ser considerados os potenciais efeitos no ecossistema marinho e as possibilidades de perturbação para os navios e outras embarcações.

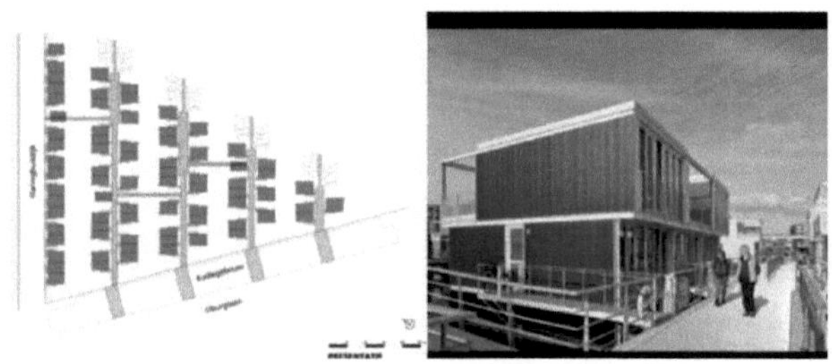

36. Bairro holandês de casas flutuantes, Amesterdão, Holanda.
Fonte: www.beautiful-houses.net/2011/06/dutch-floating-houses-district.html

37. Seamill
Fonte: www.conserve-energy-future.com/Advantages_Disadvantages_WaveEnergy.php e

15.0. Infra-estruturas sociais

Tal como o número de telefone de alarme 112 funciona em todos os países da UE, bem como em alguns outros países, poderiam ser introduzidos mais programas e sistemas que ligassem diferentes cidades e países. A implementação de soluções semelhantes em diferentes locais poderia criar uma nova rede, através da qual pessoas de todo o mundo poderiam cooperar.

Um pequeno exemplo poderia ser o conhecimento sobre a água, que em Gdynia está tão perto da cidade, mas muitas vezes não é suficientemente conhecida. Poderia ser introduzida não só a educação marinha, mas também a educação sobre a navegação, a segurança durante a natação, os benefícios que o local proporciona, etc.. Nesse caso, Gdynia deveria cooperar com outras cidades dos países que rodeiam o Mar Báltico.

Nalgumas cidades são implementados programas semelhantes, por exemplo, o Program Edukacji Morskiej (Programa de Educação Marinha) em Gdansk. Infelizmente, muitas vezes trabalham isoladamente. A verdadeira solução inteligente exigiria que todos os programas (não apenas sobre o Mar Báltico) funcionassem de forma semelhante em diferentes cidades do país, do continente ou mesmo do mundo.

O trabalho em rede, a cooperação e a utilização das novas tecnologias são elementos-chave para elevar o sistema educativo a um nível superior. A partilha de experiências e a recolha de informações de todo o mundo (ou região) são realmente importantes para a nova geração de estudantes, que deve ser preparada para funcionar numa "aldeia global".

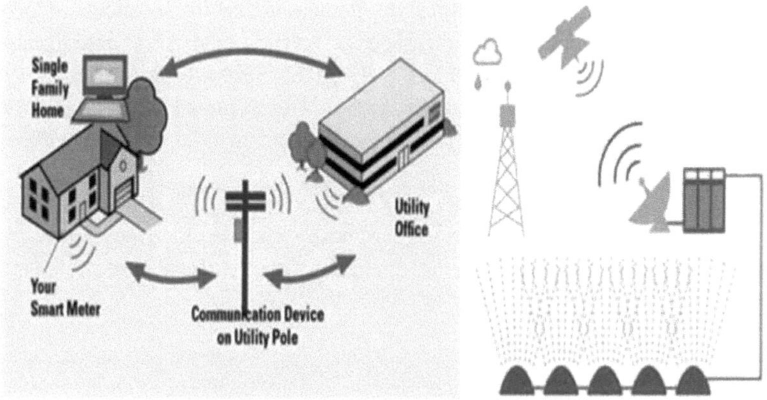

38. Contador inteligente e sistema de irrigação inteligente.
Fonte: www.tongapower.to; Relatório Sustainia, 2014.

16.0. Ordem pública e proteção

16.1. Contadores e sensores inteligentes com aplicações baseadas em dados

Todos os sistemas inteligentes são baseados em dados. Esta é a razão pela qual os contadores e sensores inteligentes devem ser implementados em muitas áreas da vida quotidiana em Gdynia. Os contadores tradicionais contam a energia ou a quantidade de água consumida pelos utilizadores ou dão o número de carros que circulam numa determinada rua ou o número de peões num determinado local. Os contadores e sensores inteligentes são digitais, comunicam com outros elementos da rede e fornecem informações activas sobre a situação ao sistema, que se pode adaptar a várias circunstâncias. Os utilizadores podem ter acesso a estes dados e reagir às alterações da situação. Os próprios utilizadores também podem fornecer dados - por exemplo, a monitorização em tempo real do tráfego de peões com base no sinal dos telemóveis ou a informação permanente sobre o destino dos pedidos de táxi.

No entanto, os dados não são uma solução em si mesmos. Podem conduzir a novas soluções, como aplicações baseadas nos mesmos. Por exemplo, uma aplicação que monitorize a eficiência energética. Pode ser apresentado todo o modelo de análise energética e o modelo de cada edifício em Gdynia, bem como as possíveis poupanças de energia. Isto poderia mostrar quais os edifícios que deveriam ter a sua política energética alterada. Outro domínio que pode ser alterado por aplicações inteligentes é a monitorização e a modelação do sistema de distribuição de água, da hidráulica e da qualidade da água, bem como a deteção de fugas de água e de rebentamentos de condutas. Isto também pode ser utilizado para o sistema de irrigação - agrícola nas zonas ocidentais de Gdynia e áreas públicas, como parques e relvados. Pode ser ligado à previsão meteorológica local, bem como a sensores que monitorizam a humidade do solo.

16.2. Plataforma FixMyStreet + wifi

Há muitas pessoas criativas em todo o mundo que têm ideias de sítios Web ou aplicações para smartphones que ajudam as pessoas na sua vida quotidiana. Um desses sítios Web é a plataforma FixMyStreet. Neste sítio Web, todos os cidadãos podem comunicar qualquer problema relacionado com infra-estruturas: um buraco, um candeeiro que não funciona ou um graffiti num sinal de trânsito. Estas mensagens são depois enviadas às autoridades locais. O projeto já funcionou no Reino Unido, na Suíça, na Suécia e na Malásia. Os autores incentivam os cidadãos de outros países a criarem as suas próprias versões da plataforma - o processo de criação de uma nova FixMyStreet está descrito no sítio Web da plataforma.

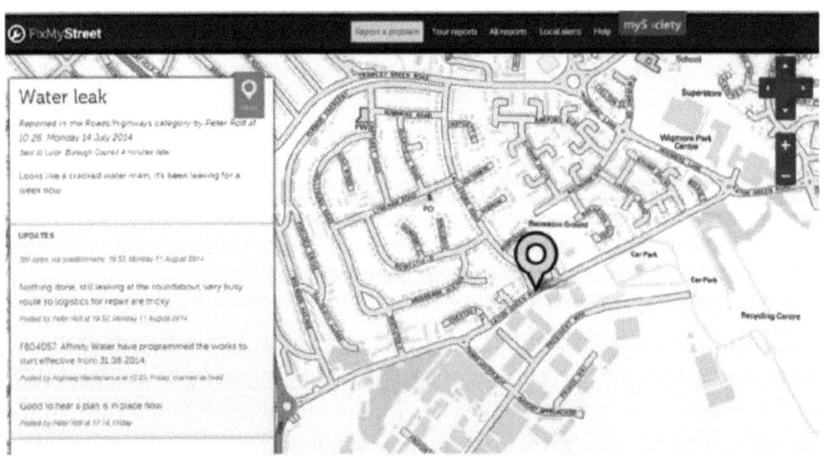

39. Ecrã do sítio Web FixMyStreet no Reino Unido.
Fonte: www.fixmystreet.com

A utilização destas aplicações seria muito mais fácil com o WiFi gratuito na cidade. De acordo com o sítio Web de Gdynia, a cidade já disponibilizou hotspots nos locais mais populares: praia, marina, avenida, praça Kosciuszko, parque Rady Europy. A criação de hotspots nos transportes públicos (autocarros, tróleis) seria ainda mais conveniente para os residentes e turistas.

16.3. Ação para a proteção da orla marítima

Na ideia de ser inteligente e de criar uma cidade inteligente, o ambiente é um elemento muito importante. As autoridades protegem-no através da criação de áreas e objectos de conservação da natureza. Um dos locais mais populares de Gdynia é o bairro de Orlowo, famoso sobretudo por um penhasco ativo. A erosão natural da água tem vindo a alterá-la há muitos anos. A menção mais antiga na literatura sobre a destruição da falésia durante uma tempestade data de 1914 (Szopowski, 1961). À medida que as arribas costeiras se desmoronam, a linha de costa recua para o interior. No caso de Orlowo, esse recuo é de cerca de 1 m por ano (Subotowicz, 1984).

É um processo natural e não podemos impedi-lo, mas podemos proteger a linha de costa através de estruturas hidrotécnicas. Em 2006, foi construída uma barreira submarina no fundo da baía, perto da costa. Foi construída com blocos de pedra com um diâmetro de 0,7 a 1,5 metros, constituída por três segmentos (Urzqd Morski w Gdyni). De acordo com Kruk-Dowgiallo (2009), os estudos biológicos realizados no segundo e terceiro anos desde a construção da soleira mostraram que esta solução é conducente a uma ação sustentável e amiga do ambiente para a proteção das margens.

Os investimentos modernos são concebidos não só para a segurança das pessoas, mas também da falésia. Ser inteligente não significa apenas criar novas técnicas, mas também reutilizar - por exemplo, um velho bunker à beira do colapso foi empurrado para baixo da falésia e colocado em posição de funcionar como um quebra-mar adicional.

40. Recuo da linha de costa: ano 1900 e 2004.
Fonte: Monitoring erozji i osuwisk w strefie brzegowej Baltyku, PiG
(www.pgi.gov.pl/attachments/article/2812/monitoring.pdf).

41. Carta batimétrica da zona litoral em Gdynia Orlowo, com a estrutura do quebra-mar subaquático visível, 08.06.2006 r.).

Fonte: www.umgdy.gov.pl/pium/aktualnosci/podglad?kod=20y781ezw2.rg4rlrezwl&typ=n

17.0. Infra-estruturas económicas

17.1. Desenvolver a cidade da orla marítima de forma mais concentrada

Gdynia é flanqueada por grandes maciços de terreno a oeste e a sudeste, o que permite o crescimento da cidade principalmente ao longo da costa. Esta é a causa do potencial de desenvolvimento restrito do centro da cidade.

Já no início do crescimento de Gdynia, os planeadores têm vindo a debater esta questão. Por esta razão, em 1935, foi criado um plano geral para Gdynia, com ênfase na funcionalidade. O plano previa a construção de bairros-satélites que se estendiam do centro da cidade, através das colinas e mais para o interior.

114

Gdynia deveria considerar as possibilidades de expansão na direção do mar. É certamente uma das ideias mais ousadas, mas uma cidade-distrito flutuante autossuficiente como o Dubai, ou uma ilha estável semelhante aos novos distritos (Zeeburgereiland) em Amesterdão poderia ser uma solução para o desenvolvimento de Gdynia.

17.2. Desenvolvimento da biotecnologia marinha

A biotecnologia marinha, a chamada biotecnologia azul, é um ramo muito interessante das ciências. As espécies marinhas adaptaram-se às condições extremas da vida no mar. A biotecnologia azul é o estudo de uma variedade de organismos marinhos e da sua potencial utilização para criar novos materiais.

Os mares representam uma das fontes mais abundantes de produção de alimentos e de energia do planeta. Além disso, o estudo da biodiversidade marinha pode permitir-nos desenvolver novos fármacos ou enzimas industriais que podem funcionar em condições extremas e que são de grande importância económica. As estimativas prevêem um crescimento do sector nos próximos anos, revelando o grande potencial e as grandes expectativas de desenvolvimento do sector da biotecnologia marinha à escala mundial.

42. Localização e visualização de Zeeburgereiland.
Fonte: www.maps.google.com e
www.zeeburgereiland.nl/vriiekavels/locatie/zeeburgereiland

42. Localização e visualização de Zeeburgereiland.
Fonte: www.maps.google.com e www.zeeburgereiland.nl/vriiekavels/locatie/zeeburgereiland

44. Esponjas: biodiversidade e morfotipos.
Fonte: Equipa da Expedição Twilight Zone 2007, N0AA-0E. (NOAA Photo Library: reef3859).

18.0. Summa0072y

Numa tentativa da União Europeia de melhorar o desenvolvimento das zonas ribeirinhas e das comunidades através do seu projeto de zonas ribeirinhas lançado no Mar do Norte, a sustentabilidade e a inclusão social foram o fulcro. No entanto, para atingir este objetivo vital, estas comunidades terão de incorporar soluções inteligentes. Estas cidades à beira-mar terão de medir com precisão as condições actuais e modelar o futuro tendo em mente o ambiente e o bem-estar das pessoas. No entanto, a infraestrutura, que constitui uma estrutura subjacente que suporta os sistemas e está inerentemente oculta, é frequentemente negligenciada. A inteligência tem tudo a ver com a utilização atempada da informação - obter a informação no momento e no local certos para que se possam tomar decisões informadas. A "infraestrutura inteligente" responde de forma inteligente às mudanças no seu ambiente, incluindo as exigências dos utilizadores e outras infra-estruturas, para conseguir um melhor desempenho. Os sensores e os controlos tecnológicos incorporados nos sistemas comunitários novos e adaptados podem monitorizar as condições existentes e fornecer feedback em tempo real caso sejam necessárias alterações. Assim, na investigação sobre infra-estruturas inteligentes para cidades ribeirinhas, o caso de Gdynia é um caso expositivo que nos permite analisar o que pode ser feito para garantir que a visão da UE para as cidades ribeirinhas continue a ser relevante na era digital. Embora Gdynia esteja atualmente a desenvolver alguns projectos de infra-estruturas inteligentes, isso não significa que as soluções inteligentes de hoje se mantenham assim para sempre. A inteligência tem de ser constantemente reactiva às exigências do seu ambiente, optimizando constantemente os processos em que está envolvida. O que também é importante é lembrar que, por vezes, tornar algo inteligente pode não exigir a adição de algo novo, como demonstrámos. Por vezes, trata-se de retirar algo, de o simplificar.

E o que é que podemos ganhar se tornarmos as nossas cidades mais inteligentes? Melhor qualidade de vida, melhor conhecimento da cidade. Vantagens económicas e ecológicas, trabalhando em prol do desenvolvimento sustentável. Ser inteligente muda a imagem da cidade no mundo e visa facilitar a vida quotidiana das pessoas comuns.

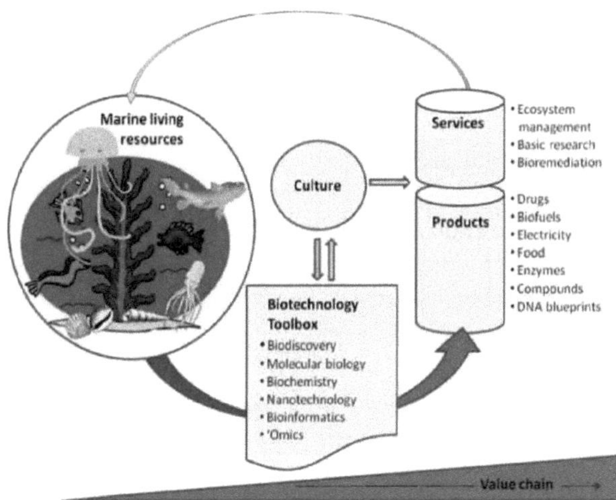

45. Exemplos de produtos e serviços desenvolvidos por aplicações tecnológicas que utilizam os recursos biológicos marinhos.

Fonte: www.vliz.be/wiki/Portal:Marine Biotecnologia#cite note-faoillustration-l

FOTOS

1. Orla marítima de Estocolmo. Fonte: www.siwi.org/wp- content/uploads/2012/11/ SIWI_slider_l.jpg, 53

2. Tipos de margens. Fonte: Lorens (2009), 54

3. Frentes de água em Barcelona, Gdynia, Roterdão, Nova Iorque. Fonte: www. google.pl/imghp

4. Portos de Génova, Gdynia e Liverpool. Fonte: www.google.pl/imghp, 55 5. Zona ribeirinha de Liverpool, Fonte: www.liverbird-calendars.co.uk/wp-content/ uploads/2012/ 08/Liverpool-Canvas-LIV-001-Liverpool- Skyline.jpg, 64

6. Região do Mar Báltico - vista da ISS, Fonte: www.nauklove. pl/wpcontent/ uploads/2014/07/iss.jpg, 65

7. Cais de Dalmor, março de 2014. Autora: Maria Dembska, 68

8. Estado atual do molhe de Dalmor (à esquerda) e plano de desenvolvimento espacial, Fonte: Gabinete de Planeamento Espacial da Cidade de Gdynia, material de conferência, 70

9. Logotipos dos projectos. Fonte: www.google.pl/imghp 72

10. Áreas e objectos de conservação da natureza. Fonte: Studium uwarunkowan i kierunkow zagospodarowania przestrzennego miasta Gdyni. 76

11. Ruído em Gdynia. Fonte: www.gdynia.pl/bip/srodowisko/5548 493 87.html, 76

12. Utilização funcional do solo em Gdynia (em 31.12.2013). Fonte: Elaboração própria com base nos dados do Gabinete de Desenvolvimento da Cidade de Gdynia. 77

13. Utilização do solo em Gdynia por Corine Land Cover. Fonte: Elaboração própria com base nos dados do Corine Land Cover. 77

14. Área média de habitação por pessoa em Gdynia em 2011. Fonte: Studium uwarunkowan i kierunkow zagospodarowania przestrzennego miasta Gdyni. 78

15. Habitações concluídas em Gdynia 2000-2011. Fonte: Anuário estatístico de Gdynia

2011.79
16. Sistema de transportes. Fonte: Studium uwarunkowan I kierunkow zagospodarowania przestrzennego Gdyni,.

17. Abastecimento de água. Fonte: Studium uwarunkowan i kierunkow zagospodarowania przestrzennego miasta Gdyni. 86

18. Gestão das águas pluviais. Fonte: Studium uwarunkowan i kierunkow zagospodarowania przestrzennego miasta Gdyni. 86

19. Gestão das águas residuais. Fonte: Studium uwarunkowan i kierunkow zagospodarowania przestrzennego miasta Gdyni. 87

20. Gestão de resíduos sólidos. Fonte: Studium uwarunkowan i kierunkow zagospodarowania przestrzennego miasta Gdyni. 87

21. Sistema energético. Fonte: Studium uwarunkowan I kierunkow zagospodarowania przestrzennego miasta Gdyni. 88 22. Classes etárias em Gdynia a partir de 2012. Fonte: UrbiStat

23. Faixas de Autocarro Intermitentes - introdução em Lisboa. Fonte: www.edroga.pl24. Estação de ancoragem do sistema de serviço público de bicicletas. Fonte: www. continuuminnovation.com

25. Sinais do sistema de estacionamento - exemplos. Autor: Krzysztof Stefaniak

26. Táxi aquático na cidade de Nova Iorque. Fonte: www.theprosaictraveller.com

27. Sistema de Informação de Passageiros - exemplo de ecrã. Autor: Krzysztof Stefaniak

28. Sistema de Informação Rodoviária - exemplo de ecrã. Autor: Krzysztof Stefaniak

29. Projeto-piloto de condução autónoma e estacionamento automático da Volvo. Fonte: www. caradvice.com.au/wp-content/uploads/2013/12/V olvo-autonomousdriving-pilot-project-2.jpg e www.euroinfrastructure.eu/wp-content/ uploads/2014/05/volvo-auto-parking.jpg

30. Tubos LucidEnergy - o exemplo dos geradores de energia em condutas. Fonte: Relatório Sustainia, 2013

31. Visualização iconográfica de um duche eficiente. Fonte: Relatório Sustainia, 2014

32. Visualização do sistema de iluminação inteligente e um exemplo da lâmpada. Fonte: www.hyenergy.com

33. Bombas de calor portuárias. Fonte: www.enermodal.com/enews-extemal/ ClientNewsletter-Mar2012_R12

34. A visão da Ilha Zira. Fonte: www.robaid.com/tech/green- architecturezira-island-in-azerbaijan.htm

35. Casas flutuantes - tecnologia móvel e modular. Fonte: www. floatinghouses.eu

36. Bairro holandês de casas flutuantes, Amesterdão, Holanda. Fonte: www.beautifulhouses.net/ 2011/06/dutch-floating-houses-district.html

37. Seamill.
Fonte: www.conserve-energy-future.com/Advantages_ DesvantagensWaveEnergy.php andwww.ecotricity.co.uk/our-green-energy/ our-green-electricity/and-the-sea/ seamills

38. Contador inteligente e sistema de irrigação inteligente. Fonte: www.tongapower.to;

Relatório Sustainia, 2014

39. Ecrã do sítio Web FixMyStreet no Reino Unido. Fonte: www.fixmystreet.com, 97 40. Recuo da linha de costa: ano de 1900 e 2004. Fonte: Monitoring erozji i osuwisk w strefie brzegowej Baltyku, PiG (www.pgi.gov.pl/attachments/ article/2812/monitoring.pdf)

41. Carta batimétrica da zona litoral em Gdynia Orlowo, com a estrutura do quebra-mar subaquático visível, 08.06.2006 r.). Fonte: www.umgdy.gov.pl/pium/ aktualnosci/ podglad?kod=20y781ezw2.rg4rlrezwl&typ=n

42. Localização e visualização de Zeeburgereiland. Fonte: www.maps. google. comandwww. zeeburgereiland.nl/vrijekavels/locatie/zeeburgereiland

43. Visualização da cidade flutuante de DUBAI Lilypad. Fonte: www.inhabitat.com/ lilypad-floating-cities-in-the-age-of-global-warming/

44. Esponjas: biodiversidade e morfotipos. Fonte: Equipa da Expedição Twilight Zone 2007, NOAA-OE. (NOAA Photo Library: reef3859)

45. Exemplos de produtos e serviços desenvolvidos por aplicações tecnológicas que utilizam os recursos biológicos marinhos. Fonte: www.vliz.be/wiki/ Portal: Marine Biotechnology#cite_note-faoillustration-1

BIBLIOGRAFIA

Al-Hader, M., Rodzi, A. (2009) THE SMART CITY INFRASTRUCTURE DEVELOPMENT & MONITORING. Investigação Teórica e Empírica em Gestão Urbana, 2(11) maio. Edição 2(11).

Cidade inteligente de Amesterdão. (2014), www.amsterdamsmartcity.com [2014]

Andini, D. (2009) Public space for people on new urban waterfronts (Espaço público para as pessoas nas novas frentes de água urbanas). Universidade de Wageningen.

Angeladas, E. (2013, abril) Smart Grids and The New Age of Energy, www. electrical-engineering-portal.com/smart-grids-and-the-new-age-of-energy [2013]

Anon. (2014) Sociedade Americana de Engenheiros Civis, www.cedb.asce.org/cgi/ WWWdisplay.cgi? 168574 [2014]

ARUP. (2010) Smart CitiesTransforming the 21st century city via the creative use of technology, www.publications.arup.eom/Publications/S/Smart_ Cities.aspx [2014]

ARUP. (2011) The Smart Solution for Cities, www.arup.com/homepage_c40_ urbanlife.aspx [2014]

Ascher, K. (2005) As obras. Anatomia da cidade. Nova Iorque: The Penguin Press.

Propostas para um plano de fornecimento de calor, eletricidade e gás combustível para a área da cidade de Gdynia. (2012, setembro) Gdansk.

BalticBottomBase. (2014), www.balticbottombase.eu/info/page/about/ [2014]

Beciri D. (2009) Green architecture - Zira Island in Azerbaijan, www.robaid. com/tech/green-architecture-zira-island-in-azerbaijan.htm [2009]

Beeferman, L. W. (2008) Pension Fund Investment in Infrastructure: A Resource Paper. Série de Documentos Ocasionais, Edição de dezembro 3.

Biuro Rozwoju Miasta. (2014) Informação estatística trimestral, www.gdynia.pl/ wszystko/o/gdyni/stat/103_.html [2014]

Biuro Strefy Platnego Parkowania w Gdyni. (2014) Strefa Platnego Parkowania w Gdyni - oplaty, www.sppgdynia.pl/oplaty.php [2014]

Câmara Municipal de Bristol. (2011, março) Smart City Bristol: Relatório final, de www.slideshare.net/Bristolcc/bristol-smart-city-report-7579696 [2011]

Bruttomesso, R. (2001) "The Strategic Role of the Waterfront in Urban Redevelopment of Cities on Water", em P. Lorens, Large Scale Urban Development. Gdansk: Wydawnictwo Politechniki Gdahskiej, 11-16.

Bruttomesso, R. (2001) Complexity on the urban waterfront. W R. Marshall, Waterfronts in post-industrial cities. Londres e Nova Iorque: Spon Press, Thames & Francis Group.

Centro de Cambridge para Infra-estruturas e Construção Inteligentes. (2014) CSIC. Um Centro de Inovação e Conhecimento financiado pelo EPSRC e pelo Conselho de Estratégia Tecnológica, www.smartinfrastructure.eng.cam.ac.uk [2014]

Caragliu, A., Del Bo, C., & Nijkamp, P. (2009) Smart cities in Europe. 3ª Conferência da Europa Central em Ciência Regional - CERS. Amesterdão: Serie Research Memoranda, 45-59.

Centro de Ciência Regional. (2007) Smart cities - Ranking of European mediumsized cities. Viena: UT de Viena.

Ceny mieszkah w Trojmiescie. www.archideon.pl/2014/ceny-mieszkantrojmiasto/ [2014]

Chambers, J. (2007) Infrastructure Research Report. Pension Consulting Alliance Inc.

Chapa J. (2008) LILYPAD: Floating City for Climate Change Refugees, www. inhabitat.com/lilypad-floating-cities-in-the-age-of-global-warming/ [2008] Clemente, M. (2013, Dizembre) Citta e mare: indentita marittima per una rigenerazione urbana sostenibile / Sea and the city: maritime identity for urban sustainable regeneration. TRIA - rivista intemazionale di culture urbanistica.

Cleverley, M. (2012) Smarter cities: a public safety perspective, www.slideshare. net/bradgilmour/smart-city-overveiw [2012]

Conservar o futuro da energia. (2014) Wave energy, www.conserve-energy-future. com/Advantages_Disadvantages_WaveEnergy.php [2014] Continuum. (2014), www.continuuminnovation.com [2014]

Covrig, C., Ardelean, M., Vasiljevska, J., Mengolini, A., Fulli, G., & Amoiralis, E. (2014) Smart Grid Projects Outlook 2014. Luxemburgo: Centro Comum de Investigação.

Dobiegala, A. (2014, 03 07). Ile kosztuje zycie w duzych miastach, www. trojmiasto.gazeta.pl/trojmiasto/56,35612,15354017,Ile_kosztuj ezyciew _ duzych miastach Warszawa wcalc.html [2014]

Ecotricity. (2014) Seamills, www.ecotricity.co.uk/our-green-energy/our- greenelectricity/ and-the-sea/seamills [2014]

Edroga. (2014), www.edroga.pl [2014]

Enter.hub. www.urbact.eu/en/projects/metropolitan-govemance/enterhub/ homepage/ [2014]

Comissão Europeia Agenda Digital para a Europa. (2010, 19 de maio), www.eur- lex. europa.eu/legal-content/EN/TXT/PDF/?uri=CELEX:52010DC0245R(01)&fro   m=EN [2010]

Estratégia Horizonte 2020 da Comissão Europeia. (2010, 17 de junho), www.ec.europa.

eu/europe2020/index_en.htm [2014]

Memorando da Comissão Europeia. (2013, 26 de novembro) Liderando o caminho para fazer As cidades da Europa mais inteligentes, www.europa.eu/rapid/press-release_MEMO-13-1049_en.htm [2013]

Comunicado de imprensa da Comissão Europeia. (2014, 2 de julho) A Comissão insta os governos a aproveitarem o potencial dos megadados, www.europa.eu/rapid/pressrelease_IP-14-769_en.htm [2014]

EuroVelo. (2014) What is EuroVelo?, www.eurovelo.org/home/what-is- eurovelo/ [2014]

EuroVelolO. (2014), www.eurovelolO.pl/aktualnoci [2014]

Casas flutuantes, www.floatinghouses.eu/ [2014]

Fulmer, J. (2009) What in the world is infrastructure? PEI Infrastructure Investor, julho/agosto, pp. 30-32.

G^bki: roznorodnosc biologiczna i morfotypy. Equipa da Expedição Twilight Zone 2007, NOAA-OE. (Biblioteca de fotografias NOAA: reef?859)

Área Metropolitana de Gdansk. (2014) Zwiqzek Zintegrowanych Inwestycji T erytorialnych, www.metropoliagdansk.pl/zit/

Área Metropolitana de Gdansk, www.en.metropoliagdansk.pl/who-are-we/ [2014]

Gdynia - Projeto Dyn@mo, www.civitas.eu/content/gdynia [2014]

Gdynia - informações sobre o ambiente, www.gdynia.p1/wszystko/o/ gdyni/ srodowisko/ info/162_.html [2014]

Centro de Apoio ao Empreendedorismo de Gdynia, www.gdyniaprzedsiebiorcza.pl/x. php/2,1970/About-Us.html [2014]

Gdynia Turystyczna. (2014) Gdynia Turystyczna - sciezki rowerowe, www. gdyniaturystyczna.pl/pl/szlaki/sciezki-rowerowe,54/ [2014]

Inderst, G. (2009) Pension Fund Investment in Infrastructure. Documentos de trabalho da OCDE sobre seguros e infra-estruturas, número 32.

Komisja Europejska. (2013) Zrozumiec polityk? Unii Europejskiej - Rybolowstwo i gospodarka morska. Luksemburg: Urz^d Publikacji Unii Europejskiej.

Kramarska R. (2010) Monitoring erozji i osuwisk w strefie brzegowej Baltyku. PIG-PIB, Gdansk, www.pgi.gov.pl/attachments/article/2812/monitoring.pdf [2010]

Kruk-Dowgiallo L., Brzeska P., Blenska M., Opiola R., Kulinski M., Osowiecki A. (2009) DOES COAST PROTECTION DETERIORATE BOTTOM HABITATS? ESTUDO DE CASO - QUEBRA-MARES SUBMARINOS EM GDYNIA OREOWO. Instytut Morski w Gdansku, Gdansk, www.wis.pol.lublin.pl/kongres3/tom3/14.pdff2009]

Lorens, P. (2009a) Rewitalizacja terenow poportowych jako element wspolczesnych strategii przeksztalcen miast portowych. W M. Matczak, J. Przedrzymirska, J. Zaucha, Przyszle wykorzystanie polskiej przestrzeni morskiej dla celow gospodarczych i ekologicznych (strony 298-313). Gdansk: Instytut Morski.

Lorens, P. (2009b) "Wspolczesne strategie przeksztalcen przestrzeni portow w kontekscie przemian miast i regionow", em M. Matczak, J. Przedrzymirska, & J. Zaucha, Przyszle wykorzystanie polskiej przestrzeni morskiej dla celow gospodarczych i ekologicznych. Gdansk: Instytut Morski, 118-127.

Mapa da propriedade fundiária em Gdynia. (2014).

Ministério das Infra-estruturas e do Desenvolvimento. (2014) Estratégia Nacional de Desenvolvimento para 2020, www.mir.gov.pl/english/regional_development/ development_policy/ nds_2020/strony/ default. aspx [2014]

Moretti, M. (2008) Cities on Water and Waterfront Regeneration: Um desafio estratégico para o futuro. 2º Encontro Rios de Mudança Rio/Cidades. Varsóvia.

Nature 2000. (2014), www.natura2000.gdos.gov.pl/ [2014]

Numbeo - Custo de vida em Gdynia. (2014), www.numbeo.com/cost-of-living/ city_result.j sp?country=Poland&city=Gdynia [2014]

Programa Operacional Infra-estruturas e Ambiente. (2014), www.pois.gov. pl/Strony/default.aspx [2014]

Oxford University Press. (2014) Dicionário Oxford, www.oxforddictionaries.com [2014]

Paskaleva, K. (2011, agosto) Emerging Strategies: Inovação aberta, www. slideshare.net/smartcities/creating-smarter-cities-2011 -08- krassimirapaskaleva-open-innovation [2014]

Polacy stojq w korkach nawet 9 godzin miesi^cznie, www.wprost.pl/ar/311465/ Polacy-stoja-w-korkach-nawet-9-godzin-miesiecznie/ [2012]

Autoridade do Porto de Gdynia SA. (2014) Porto de Gdynia - rotas regulares, www.port.gdynia.pl/en/aboutport/regular-routes [2014]

Program ochrony srodowiska wraz z planem gospodarki odpadami na lata 20082010 z uwzgl^dnieniem perspektywy na lata 2011-2014 dla miasta Gdyni. (2008) Gdynia.

Projekt programu ochrony srodowiska wraz z planem gospodarki odpadami na lata 2014-2017 z perspektywy do roku 2020. (2014) Gdynia.

Relatório Sustainia 2013.

Relatório Sustainia 2014.

RIS-Odra. (2014), www.ris-odra.pl/ [2014]

Plataforma das Partes Interessadas das Cidades Inteligentes. (2013) Utilizar o mecanismo de financiamento da UE para as cidades inteligentes. Comissão Europeia.

Cidades inteligentes. www.urbact.eu/en/projects/innovation-creativity/smart-cities/ homepage [2014]

Equipa Smart City. (2013) O que é exatamente uma cidade inteligente, www.slideshare.net/ SmartCitiesTearn/smartcitiesfinal [2013]

Softysik, M. (1993) Gdynia - miasto dwudziestolecia mi^dzywojennego urbanistyka i architektura. Warszawa: Wydawnictwo Naukowe PWN.

Spinak, A., Chiu, D., & Casalegno, F. (2008, julho) Intermittent Bus Lane System, in SII - Sustainability Innovation Inventory, www.connectedurbandevelopment.org/ pdf/sust_ii/ intermittentlane.pdf [2008]

Anuário estatístico de Gdynia. (2011) Gdansk: Serviço de Estatística de Gdansk.

Strategia Rozwoju dla Metropolii. www.gdynia.pl/wydarzenia/70_95125.html [2014]

Plano estratégico para Gdynia. www.gdynia.pl/eng/strategic/plan/for/Gdynia/4604_. html [2014]

Strzeszyhski, J. (2011) Polski rynek mieszkaniowy. Analiza porownawcza najwi^kszych miast. Krakow: Instytut Analiz Monitoring Rynku Nieruchomosci.

Studium uwarunkowan I kierunkow zagospodarowania przestrzennego Gdyni (Estudo das condições e direcções do desenvolvimento espacial de Gdynia) (2008).

Subotowicz W. (1984) "Brzegi klifowe", in B. Augustowski (red.), Pobrzeze pomorskie. Zaklad Narodowy im. Ossolinskich, Wroclaw, 121-149.

Szopowski Z. (1961) "Zarys historyczny zniszczeh polskich morskich brzegow klifowych", in Materialy do monografii polskiego brzegu morskiego, z. 1, Wybrane zagadnienia dynamiki brzegu morskiego. Pahstwowe Wydawnictwo Naukowe, Gdansk, 5-36.

Agência das Tecnologias da Informação de Malta. (2007) A Estratégia Nacional de TIC para Malta 2008-2010.

As casas mais bonitas. (2011) Bairro holandês de casas flutuantes, Amesterdão, Holanda, www.beautiful-houses.net/2011/06/dutch-floating-housesdistrict.html [2011]

O viajante prosaico. (2014), www.theprosaictraveller.com [2014]

Academia Real de Engenharia. (2012, janeiro) Infra-estruturas inteligentes: o futuro, www.raeng.org.uk/smartinfrastructure [2012]

Tonga Power Limited, www.tongapower.to [2014]

Urzqd Morski w Gdyni, www.umgdy.gov.pl [2014]

Vlaams Instituut Voor De Zee. (2012) Marine Biotechnology, www.vliz.be/ wiki/ Portal:Marine_Biotechnology#cite_note- faoillustration-1 [2012]

Washbum, D., Sindhu , U., Balaouras, S., Dines, R. A., Hayes, N. M., Nelson, L. E. (2010) Helping CIOs Understand "Smart City" Initiatives: Defining the Smart City, Its Drivers, and the Role of the CIO. Cambridge: Forrester Research, Inc. Waterfront Communities Project. (2009). Programa da Região do Mar do Norte, www.northsearegion.eu/iiib/proj ectpresentation/ details/&tid= 19&theme= 6 [2009]

Weisdorf, M. A. (2007) Infrastructure: A growing Real Return Asset Class. Nova Iorque, CFA Institute Conference Proceedings Quarterly.

Wojewodzki Inspektorat Ochrony Srodowiska w Gdahsku. (2005) Raport o stanie srodowiska w wojewodztwie pomorskim w 2004 r. Gdansk: Biblioteka Monitoringu Srodowiska.

Wojewodzki Inspektorat Ochrony Srodowiska w Gdahsku. (2013) Raport o stanie srodowiska w wojewodztwie pomorskim w 2012 r. Gdansk: Biblioteka Monitoringu Srodowiska.

Zaremba, P. (1962) Urbanistyka miast portowych. Szczecin: Szczecihskie Towarzystwo Naukowe.

ZDiZ Gdynia. (2011) ZDiZ Gdynia, www.zdiz.gdynia.pl/images/stories/segment/ prezentacja %20- %20J.%200skarbski.pdf [2011]

Zeeburgereiland. (2014), www.zeeburgereiland.nl/vrijekavels/locatie/ zeeburgereiland [2014]

Zegluga Gdahska. (2014) Zegluga Gdahska - Rejsy krajowe, www.zegluga.pl/ zatoka-gdanska.html [2014]

ZKM Gdynia. (2014) ZKM Gdynia, www.zkmgdynia.pl/?lang=uk [2014]

I want morebooks!

Buy your books fast and straightforward online - at one of world's fastest growing online book stores! Environmentally sound due to Print-on-Demand technologies.

Buy your books online at
www.morebooks.shop

Compre os seus livros mais rápido e diretamente na internet, em uma das livrarias on-line com o maior crescimento no mundo! Produção que protege o meio ambiente através das tecnologias de impressão sob demanda.

Compre os seus livros on-line em
www.morebooks.shop

Printed by Books on Demand GmbH, Norderstedt / Germany